U0031919

因為愛，而料理

# 上田太太
# 便當的甜蜜

上田太太 著

**阿桃**
簡介

愛吃是天性。

喜歡中文卻說的二二六六，有點貼心又有點掉漆的日本丈夫。

因為身高不高，又有些微自然鬈，剛交往時體型偏瘦小，讓我天真的把他誤當成木村拓哉，交往後才發現他根本是木村倒頭栽。

兩人相遇在日本岡山——桃太郎故鄉，因此簡稱他為「阿桃」。

# 愛的上田料理！

若是為了心愛的人、讓他在辛苦工作時有個愛妻便當暖暖心，我願意努力試試看。

### 🍎「做菜」真的不是每個女孩都應該會的事

多年前隻身前往日本時遇見了阿桃，在交往後的某天因他的一句：「在日本，不會料理是不能結婚的！」讓我一秒跌入谷底，也更是讓在台灣從未進過廚房的自己，決心從拿菜刀切小黃瓜開始學起！

台灣與日本雖同在亞洲地區、但不同國家就有不同民情文化。

像是台灣的雞排與消夜文化對日本人來說有點偏鹹偏辣，剛開始學做料理總是被念調味太重，讓我很挫折，每次回阿桃老家時一定緊跟在阿桃媽媽身邊，將每道料理順序都筆記下來，也常在超市多看一些日本的調味料與食材，讓自己慢慢習慣日式料理的調理方式……

第一次幫阿桃準備的便當只是兩個小飯糰，卻讓他感動得說不出話，看到他吃得一臉滿足，讓我大大改變了想法。也因為造型便當誤打誤撞的在阿桃公司大受歡迎，為了想讓他在公司能夠有好人緣與話題，而持續了做造型便當這件事。不知不覺「便當」竟已成了我跟阿桃溝通的橋樑之一，透過這小小的盒子，傳達我們對彼此的依賴與關懷。

## 🍎 努力做好日本人妻的角色

　　結了婚就是多了一個家庭、多一份責任，更何況不是在自己國家，即使曾因許多挫折而在夜深人靜時獨自大哭過好多次，但值得開心的是能夠遇見上田一家，他們經常自嘲說自己是最不像日本人的一家人，沒有拘謹嚴厲，有的只是對待我這外國媳婦像自己女兒般的溫暖窩心，而卡桑（我的婆婆）更是傳授了我許多只屬於上田家的家庭味，廚房，成了我們婆媳倆增進感情的最佳場所。

　　能將自己的料理與生活，寫成一本書，對我而言是無比的幸運，要感謝的人好多，一路走來，你們的支持與應援都成為我很大的動力，希望在這本書，可以帶給大家溫暖感動的味道。

# 原來便當裡裝了滿滿的愛是那麼有魔力

台灣近年來開始重視食安，願意下廚的人口越來越多，帶便當上班上課的人數也激增，這本《上田太太便當的甜蜜》絕對是許多台灣媽媽、太太小姐目前最引頸期盼想快點擁有的一本書吧！

可是不好意思，乘著這個機會，請先容我快速的說我跟上田太太之間的跨海便當的愛情故事。

故事發生在小馬克兩歲那年的除夕夜前夕，我們家收到一個冷藏快遞包裹，拆開外包裝裡面躺著三盒尺寸分別大中小的湯瑪士小火車便當盒，掀開盒蓋，裡面閃耀著刺眼光芒，但也有可能是我的淚水讓我看不見眼前的一切，這是我這輩子第一次親眼看見傳說中的日本造型便當菜色！

是上田太太跟媽媽特別熬夜製作要送給小馬克的年菜，那年除夕是小馬克第一次乖乖坐在餐桌上跟大家吃年夜飯，原來便當裡裝了滿滿的愛是那麼有魔力～（再淚）。

「愛的年夜飯便當」我將它放在心裡一個很重要的記憶位置，也默默許了一個心願，有朝一日我也要讓上田太太感受到我的感動。隔了一年，我跟小馬克去日本東北拍攝日本觀光廳的微電影，我們深入體驗日本的美好，其中一站我們抵達秋田縣大館，跟著老師手作「大館曲便當盒」，秋田的杉木伸縮性強、木聞細膩、香味宜人，老師說製作出來的圓形便當盒裝米飯最能保持原味，我跟馬克敲敲打打、仔細磨砂、小心黏合，花了兩個小時一起協力完成，收工後工作人員跟我說能保留自己做的便當盒，當下我開心得都要跳起來了，因為我知道這個世界上有人比我更適合與這個便當盒一起生活～（導播麻煩把燈打在上田太太身上，謝謝！）

回到下榻酒店，當晚就把便當盒寄出，我不知道上田太太收到我們親手作的便當盒，有沒有感受到我當年收到她便當時的感動，請你們幫我在她簽書會上問看看（笑～）

現在馬克即將滿六歲，我跟上田太太因為便當牽起了跨海的緣分，她的便當裡裝的不只是令人驚豔的視覺享受、美味以及營養，還注入了滿滿真心真意的愛，相信我們會因為「便當」一直彼此感動來感動的持續下去。

給阿桃（日式鞠躬）謝謝你當年的一句話，不只你幸福，還送給了我們這些對便當一竅不通的台灣媽媽們一位可愛的便當老師——上田太太（灑櫻花）。

親子圖文部落客 馬克媽媽

# 一位台灣女孩花嫁日本，
# 歡笑與眼淚交織的幸福生活

從零開始 ——
因為愛，而料理的上田太太

因為日本老公阿桃的一句：「在日本，不會做菜是不能結婚的！」
讓在台灣從未進過廚房的上田太太，決心從拿菜刀切小黃瓜開
始學起，
在多次教導與多次挑戰失敗之下，
漸漸的抓出了那份感覺，
慢慢開始學會煮出屬於兩個人都可以接受的口味。


果然，
要抓住男人的心，先抓住他的胃
上田太太決定用可愛的便當，一起記錄上田家的生活點滴。

## 上田胎胎的日本風便當

**上田胎胎的特別節日版造型餐**

158　# Chapter3
日本婆婆傳授上田家餐桌家常菜

## Chapter 1

## 做便當前，一要知道的事！

著手做個造型便當，

似乎不如想像中那麼容易嗎？

沒關係 !!!

讓我們從米飯開始學，

一切就變得簡單的多囉！

## 造型便當，從搭配對的菜開始！

色彩繽紛的可愛造型便當，當然要用可以吃的「食物」來搭配，才能讓心愛的家人安心呀！

黃色的飯是拌入蛋黃而成，黑色的頭髮其實是海苔，神奇的食材配色便當，就是這樣子完成的喔！

### 食材彥頁色表

○ 白飯，吐司，白🥕，蛋白，魚板，蟹棒內部。

● 海苔，昆布，黑芝麻。

◉ 全麥麵包，玄米飯，香菇🍄，豆皮，白芝麻，竹輪，醬油。

◉ 火腿，碎鮭🐟，紅白魚板，櫻色魚鬆。

◉ 茄子🍆，紫高麗，紫芋，葡萄乾，紫色拌飯粉。

◉ 四季豆🫛，扁豆，綠花椰菜，小黃瓜，蘆筍，青椒，青豆。

◉ 黃甜椒，蛋黃，番薯，玉米，檸檬🍋，起司，咖哩粉。

◉ 橘甜椒，紅🥕，南瓜，橘色拌飯粉。

◉ 食用色素(藍色)，藍色拌飯粉，紫芋粉+蛋白。

◉ 紅甜椒，番茄🍅，番茄醬，蟹棒外皮。

# 便當裡的白米飯很重要的理由！

記得剛交往不久，與阿桃一起吃飯時，他完全沒夾配菜的將整碗白飯吃光光。初學作料理的我，一度以為是自己做的菜不合他胃口，還默默的在心裡難過了許久……

## 白飯、配菜一定要分開

主食一樣是米飯的日本阿桃總是不願意讓我將配菜統統夾到他的碗裡，總要將配菜用另外的盤子盛裝，就怕將所有味道混在一起。（這也是日本餐桌為何總是小碗小碟很多的原因之一喔！）

原來，在日本，幾乎都認為應該將米飯和配菜分開，無論是在餐桌上吃飯或是裝成便當，都不能混在一起，否則就對不起這麼好吃的白米飯了呀！而我家的阿桃，這位日本人純粹因為過度熱愛白米飯，而總是在吃配菜之前，想單純好好的享受白米飯的味道。

## 只屬於白米飯的味道

　　一開始我沒能理解，不懂到底什麼才是只屬於白米飯的味道，在台灣，我們最熟悉的排骨或是雞腿便當，就是所有青菜主食擺在飯上，最好再澆上肉汁，飯從來都只是擔任被擠壓到餐盒最下方的小角色，但是與阿桃相處久了，漸漸的好像也開始懂得去品嘗，這看似無味卻意義深遠的白米飯，在吃配菜前，先吃幾口白飯，感受一下它進入口中後散發的香味與口感。

　　下次吃飯時，您也可別急著夾配菜，先放一口溫熱的白米飯到口中，體驗看看阿桃情有獨鍾的「只屬於白米飯的味道」。

### 煮一鍋香Q米飯有學問，水量就是關鍵！

在台灣煮飯大多是電子鍋或電鍋，電子鍋就依照內鍋刻度指示置入一定的水量，電鍋則是要多加外鍋的水量，二者相同的是只要將內鍋的黃金比例記起來，加上每種米不同的事前浸泡時間，再利用電鍋續燜功能，就能讓米飯越咀嚼越能吃到米香！

**新米&舊米**

新米內鍋水 1 杯：1.2 杯
內鍋水 1 杯：1.3 杯
外鍋 1 量杯（電鍋）

**十穀米**

浸泡約 4~5 小時後，1 杯：1.5 量杯
外鍋水 1 量杯（電鍋）

# 造型便當的好幫手

製作造型便當之前，上田太太的小建議～

因為卡通造型便當角色五花八門，實在太多，即使是想要開始著手做個造型便當，卻不像想像中那樣容易，那要怎麼辦呢？

沒關係！

我們可以多多留意身邊經常出現的訊息，例如像是廣告紙或宣傳單等，甚至是玩具的包裝紙盒，只要有可愛卡通圖案，都可以剪下搜集起來，並可隨時在腦海中稍作想像，再搭配便當盒尺寸與設計，也可稍在紙上輕畫出初稿，等要製作便當時就不必苦惱囉！

 **乾淨小剪刀（剪起司或海苔）**

用來剪出小五官或是任何造型（海苔，起司片或火腿片等）。

 **造形壓模**

製作餅乾的壓模，在熟紅蘿蔔片、起司片、或火腿片上壓出造型。

 **WAX PAPER**

彩色烘焙紙，可用於便當盒的裝飾，或是包裝裝飾。

 **造形小叉籤**

可用來串起豌豆、小番茄、小肉丸等，也可當成裝飾插籤，讓便當整體更活潑可愛。

### 小鑷子（夾起司或海苔五官）

用來夾取用起司或海苔剪壓出的細小五官，比用手直接捏取置放更精準好用。

### 海苔小釘刀

對於害怕自己手不巧的人來說，這真是好幫手，可以釘壓海苔形狀，製作出便當角色的臉部表情或是各種需要的形狀。

### 保鮮膜

直接用手捏飯糰很容易黏手，用保鮮膜來包覆米飯，再捏出想要的角色造型，是做卡通便當最不可或缺的好幫手。

### 牙籤（用來串豆類）

用來串豆類，或是固定肉片卷等。

### 推小切刀

用來剪出小五官或是任何造型（海苔，起司片或火腿片等）。

### 吸管／竹串籤

吸管可用於壓於火腿片或起司片，做出較小的圓；竹串籤可直接在起司片上切畫出想要的圖案。

### 乾淨水彩筆（畫糯米紙專用）

畫糯米紙專用，建議使用最細的。

### 鋁箔小容器（分裝菜色）

日本便當特色在各種菜色有獨自的味道，稍微有點湯汁就不會直接置放在旁邊，所以用於分裝小等份或有些許肉汁的配菜時這就相當好用。

### 保麗龍盤（用來放剪好的五官）

用來放置已剪好的小五官，也可用小盤子代替。

# Chapter 2

## 上田太太便當之路，Start ～

讓阿桃上班更開心的造型便當，
就是這樣子誕生的呀！

因大學時到日本交換留學，辛苦的留學生涯期間誤打惡誤撞的認識了老公阿桃，因此展開了嫁雞隨雞、嫁狗隨狗的日本人妻生活。

剛結婚時，阿桃是公司新人，每天幾乎都是早上七點出門到晚上十點過後才回家，加上日本公司的制度與文化，並不是我這個外國人可以輕易理解的，很想替辛苦上班的先生分憂、打氣，又不知如何是好，看著喝掛的阿桃常是急得掉眼淚。

而阿桃也因為心疼看不下去，想轉移我難過的注意力，便試探的說了一句：「明天做個造型便當給我？」

因為他那句話，手拙的我做了第一次的麵包超人便當，卻意外的受到公司裡的歐巴桑職員們的歡迎，讓阿桃在公司的人緣日日攀升，一開始對料理一竅不通的我，決定開始學做造型便當。

當然，為了減輕餐費的負擔便更深入的研究食材，才能省錢又變化更多卡通造型便當呀～

# 胎胎跟阿桃的相遇

多年前，還是日本留學生的我，每天拖著沉重步伐的往學校走去，又要開始鴨子聽雷的課程，又要開始孤零零的吃飯，想到就恐慌無力。

原以為會一直這樣下去，卻在命運安排下的某天下課後，一樣完全聽不懂老師所教的到底是英文還日文，正感到很受挫且一邊收拾書包的我，完全沒發現位置前面站了一個日本人。突然一句：「Are you Japanese?」讓我緊張到不行的用中文就急忙想澄清自己是台灣來的，當下，那個長得很像木村拓哉演的日劇《ＣＨＡＮＧＥ》裡鳥巢頭總理的日本人，睜大雙眼看著我，頓時，我們倆都臉紅笑了。

##  原來日劇的浪漫都是騙人的

跟木村一樣，偏迷你的身高，一頭自然的微鬈褐髮，一樣的深色膠框眼鏡的阿桃，呆傻的站了一會兒後，他自告奮勇的說要幫我買課本。第一次，我們交換了手機號碼。當天晚上我因為多了一位長得像木村的朋友而開心到失眠… 而這也是我們台日夫妻相遇的第一幕……

認識他以後，才知道跟日本人交往，並不像日劇情節那樣浪漫有趣，更不可能如《流星花園》，天天有豪華轎車接送，也不是住在大到會迷路的皇宮，更不會有花不完的錢與信用卡。小日子就和普通老百姓一般，甚至平凡的微不足道。

在物價居高的日本生活，兩個人約定每月伙食費只花日幣兩萬（約台幣五千多元），連一件大衣的單價都比不上。但在這當中，阿桃卻教會了我許多看似丟臉，卻驚訝連連的省錢小撇步，也讓我在不知不覺中養成了節約省錢的日本主婦魂。

##  為了愛，而料理

說真的，在台灣生活，不會料理我依舊還是可以活得好好的。夜市攤販讓人眼花撩亂，選擇也多樣，抱著一樣的心態來到了日本，才發現在自家開伙真的可以節省很多。

當初根本不會料理的我，只得靠阿桃忙一整天，很累了還得做菜煮飯。但在製作過程中，他卻像一位小老師，要求我站在一旁學習當小助手，並強迫得作筆記。

　　從洗米，拿刀，選菜，熱鍋，所有步驟及小細節都不放過，做錯了就不斷重來，直到他覺得可以為止。

###  阿桃是我的嚴師，卻也是位有愛的嚴師

　　我知道，阿桃的嚴厲是出自於擔心與關心。當我第一次自己一個人完成了一桌料理時，我們倆真的開心到手拉手，歡呼轉圈個不停，但正式考驗還在後頭，嚴厲小老師在品嘗料理時，吹毛求疵到完全不留情面，常常因為味道不合口或比例不對，就會立刻指正，好多次都被他的挑剔傷的我難過到說不出話，但他卻會在這之後，幫我把所有需要改進的地方，全部都寫進筆記裡。

　　曾經因為阿桃半開玩笑的說出一句：「在日本，不會料理是不能結婚的！」讓在台灣從未進過廚房的我決心從拿菜刀切小黃瓜開始學起，在他多次教導與我多次挑戰失敗之下，漸漸的我抓出了那份感覺，慢慢的開始學會煮出屬於兩個人都可以接受的口味。

　　「要抓住男人的心，先抓住他的胃。」這句話真的無誤，感情會因美食而加溫，但也讓阿桃體重步向一條不歸路！

上田胎胎的

卡通造型便當

## 想當初,第一次做便當時～

交往一陣子後,為了省房租,阿桃邀我跟他「一起生活」,這四個字其實並不簡單,卻真真實實給了我們各自一個改變人生的機會。剛到日本的前半年,連續好幾週騎著腳踏車到車站附近,詢問每個店家是否有徵人,卻因當時日文程度不夠好,沒有一間店願意雇用我。不得已的情況下,阿桃一次打3份工,連半夜都得去工作,而我唯一能幫得上忙的,就是每晚為他做便當,好讓他半夜餓了可以補充元氣。

永遠忘不了,當他第一次收到我的便當,整盒完完整整沒吃帶回來,一臉嚴肅的看著我一會兒後,靠在我的腿上小聲啜泣著說,這輩子第一次有人對他這麼好。但讓阿桃落下男兒淚的便當,卻只是兩顆手捏的「醜飯糰」。

 第一次的造型便當

第一次做給阿桃的造型便當是六年前。
當時對於卡通便當很陌生,光是剪那些星星就剪到雙手發軟。

再接再屬的試做了第二個造型便當,果然好多了呀!
只是,現在回頭再仔細看可以發現真的很粗糙～

23

# 手卷小蜜蜂便當

## 巻きすしお弁当

身為日本上班族的阿桃，週一至週五都為公司辛苦賣命著。

身為日本太太的我，打工，家事，料理，買菜，也彷彿在賣命。

偏偏我們兩個的命也賣不了多少錢，為了生活還是得靠自己努力拚下去，即使兩人回到家後，偶爾還是會喊累，但互相幫忙搥背，幫對方貼藥布，好好睡一覺，明天開始又是個值得努力的一天！

「趁著還有體力時，像小蜜蜂一樣，勤奮努力一定會有收穫 的」阿桃語重心長的說了這段話，這個便當就用來給所有努力的人打油氣吧！

## 配菜

韭菜熱狗炒
蝴蝶麵沙拉
蔥蒜炒牛筋

## 小蜜蜂造型

 **材料**

**步驟**

### 壽司醋飯

- 溫熱米飯／2 茶碗量
- 壽司用大海苔／1 枚
- 壽司醋／3 大茶匙
- 起司片／1 片
- 火腿片／半片
- 海苔／1 枚
- 日式美乃滋／少量
- 壽司專用竹簾／1 副

### 玉子燒

A.
- 蛋／2 顆

B.
- 砂糖／2 小茶匙
- 日式美乃滋／1 小茶匙
- 味醂／1/2 小茶匙
- 鰹魚露／1/2 小茶匙
- 鮮奶／1/2 小茶匙

 **胎胎 memo**

1. 玉子燒以小火慢慢加熱，要注意不要讓蛋液焦掉。

2. 壽司用大海苔的上下各留 2cm 不要鋪上壽司醋飯，整體會比較好捲。

### 壽司醋飯

1. 將溫熱的白飯與壽司醋以飯匙切拌均勻，力道放輕，讓米粒形狀保持完整。

2. 在捲壽司專用竹簾上先鋪一層保鮮膜，再依序鋪上壽司用大海苔→壽司醋飯，輕壓鋪平後，在靠近自己的位置，放上玉子燒，連同竹簾整體慢慢往前捲起。

3. 捲好後，連同竹簾靜置稍微冷卻定型，用微濕的刀子，平均切成數小等份。

### 玉子燒

1. 在碗裡將蛋打散，再加入材料 B. 調味拌勻。

2. 取一小的平底鍋（或玉子燒鍋）倒入適量油後，以中火熱鍋再轉小火，再分多次少量慢慢倒入蛋液，第一次倒入的量約覆蓋平底鍋面，薄薄的一層，可依照自己的力道，搖轉平底鍋，好讓蛋液流動，鋪滿鍋面，大約 5 秒左右，從平底鍋對向開始，用筷子慢慢朝自己方向捲起，捲到最靠近自己方向即完成第一卷。

3. 再往平底鍋面倒入第二次蛋液，一樣輕微搖轉平底鍋，讓蛋液鋪滿鍋面，等待 2 ～ 5 秒，換用筷子翻煎靠近自己的這條蛋卷，往對向鍋面慢慢捲去。

4. 同樣的方式持續來回，直到蛋液倒完為止，此時玉子燒也越捲越大，完成後關火，先暫時放置冷卻。

## 組合

1. 將切好的數等份的小壽司平行排入便當盒中。

2. 用海苔剪出 10 條小細長條（身體條紋），5 片小圓（眼睛）；用起司剪出 10 片小水滴狀（翅膀）；火腿片剪出 5 片小圓（腮紅）。

3. 將作法 2 各沾取些許美乃滋，先將海苔貼在便當盒中壽司卷的玉子燒上做蜜蜂身體的條紋，貼上小圓眼睛及嘴巴，再放入火腿片做的腮紅，最後以起司貼上翅膀即可。

### 韭菜熱狗炒　　　　　　　份量：2 人份

🍄🍄 材料

- 韭菜／1 束（切成 5cm 數段）
- 小熱狗／5 ～ 6 條（斜切成數片）
- 蒜鹽粉／適量
- 白芝麻／適量
- 鰹魚粉／1 大茶匙
- 油／少量

✎ 步驟

1. 熱好平底鍋後，維持中火倒入少量的油，稍微熱一下，放入切好的小熱狗快速拌炒，再放入韭菜段拌炒至變軟。

2. 轉中小火，加入適量的蒜鹽粉與鰹魚粉拌炒約 1 分鐘後，關火起鍋。

3. 裝盤後撒上適量白芝麻裝飾即可。

## 蝴蝶麵沙拉

份量：2 人份

### 🍄🍄 材料

- 市售蝴蝶義大利麵／50g
- 三色豆（紅蘿蔔丁／青豆／玉米）／70g
- 日式美乃滋／2 大茶匙
- 胡椒鹽／適量
- 鹽巴／少量

### 步驟

1. 將蝴蝶麵放入鍋裡，倒入水，並加入些許鹽巴煮熟，撈超後瀝乾水分，再放入碗中，淋上些許橄欖油拌勻。
2. 在碗裡加入三色豆與美乃滋拌勻。
3. 裝盤到小碟裡，再撒上些許胡椒鹽即可。

胎 胎 memo

如果是冷凍的三色豆，需要事先燙熟唷！

## 蔥蒜炒牛筋

份量：1 人份

### 🍄🍄 材料

- 牛筋肉／70g（一口大小）
- 蒜末／1 小撮
- 洋蔥／1/4 顆（切寬絲）
- 料理酒／1 大茶匙
- 醬油／1 大茶匙
- 蜂蜜／少量

### 步驟

1. 用蔥末爆香後，放入牛筋肉拌炒至熟透的顏色。
2. 在鍋裡加入料理酒，蓋上鍋蓋，轉小火燜煮 10 分鐘。
3. 打開鍋蓋加入少量蜂蜜，再蓋上鍋蓋，燜煮 10 分鐘。
4. 加入洋蔥與醬油，再煮 5 分鐘起鍋，待涼靜置讓牛筋肉慢慢更加入味即可。

胎 胎 memo

在加入蜂蜜與醬油時，可依照各人口感喜好，稍作調整。

# 生火腿金魚便當

生ハム金魚お弁当

女生雖然愛吃醋，但男生總是記不住。
某一晚在家裡看愛情連續劇後，阿桃學劇裡男主角，難得深情的對我說：「在我的眼裡，只看得見妳。」
即使知道他是在搞笑，但平常像呆頭鵝的他，竟然會出現這橋段，讓我忘不了他閃爍深情的眼眸。但下一秒一起去超市買東西時，我就看到他的眼睛已經黏在一位明明冬天冷得發抖，卻穿了件超迷你小短褲的美腿姊姊腿上了……
果然，他的記憶跟魚一樣，只有七秒（嘆～

## 配菜

明太子義麵
味噌醬燒肉丸子
奶油炒菠菜
中華芝麻糰子

金魚造型

 材料

- 熱米飯／半個餐盒量
- 海苔／1枚
- 生火腿片／1～2片
- 起司片／半片
- 小熱狗／1根
- 拌飯粉（香鬆粉）／適量
- 日式美乃滋／少量
- 彩色拌飯粉（藍）／適量

 胎胎 memo

最好選取有白色脂肪邊的生火腿片，做出來的小金魚會比較生動唷！

✎ 步驟

1 將白飯裝入半邊餐盒裡，稍微壓平（白飯夾層間可鋪些香鬆粉），在飯上撒上些許藍色拌飯粉製造水底的感覺。（也可用香鬆粉代替）

2 金魚部分：

2-1 小熱狗斜切成2等份，斜面朝下.將生火腿片剪出2片半圓。

2-2 將生火腿片剪出2片半圓，白色脂肪部分朝後，稍微捏折前面部分，沾取些許美乃滋，貼到小熱狗的斜切面，做為魚尾巴。

2-3 剩餘生火腿片，剪出4小片半圓，各自貼到金魚的左右兩邊做為魚鰭。

3 金魚眼睛部分

3-1 用起司剪出4片小圓，用海苔剪出4片比起司小圓更小的圓形。

3-2 將海苔眼睛黏到起司眼睛上，再用單枝筷子沾取些許美乃滋，輕點在海苔眼睛上做成白色小眼珠即可。

## 味噌醬燒肉丸子

份量：4 人份

🍄🍄 材料

**A.**
- 碎絞肉（豬）／ 1kg

**B.**
- 胡椒鹽／少量
- 醬油／ 1 大茶匙
- 料理酒／ 1 大茶匙
- 薑泥／ 1 大茶匙

**B.**
- 油／適量
- 太白粉／適量
- 白芝麻／適量

味噌醬部分：
- 日式味噌／
  2 ～ 3 大茶匙
- 鰹魚粉／ 2 小茶匙
- 水／ 50c.c.

🍴 步驟

1. 在鋼盆裡放入碎絞肉與材料 B 以手拌勻。

2. 再平均捏出 50 元硬幣大小的肉球，搓圓後，表面輕裹太白粉，放入約 180 度的熱油裡，炸約 5 分鐘起鍋。

3. 熱好平底鍋後，倒入味噌醬備料的醬料，以中火攪拌均勻，再放入炸好的肉球，確定每顆肉球都有沾附醬汁後即可起鍋。

4. 擺盤後再撒上適量的白芝麻即可。

胎 胎 memo

肉丸子可一次多做些，冷卻後分裝密封冷凍保存，食用前直接微波，輕鬆解決配菜的煩惱，做出來的量過多也不必擔心。

## 明太子義麵

份量：7 小等份

🍄🍄 材料

**A.**
- 義大利麵／ 1 束
- 細絲海苔／適量

**B.**
- 明太子／ 1 條
- 日式美乃滋／
  1/2 小茶匙
- 醬油／ 1/2 小茶匙
- 橄欖油／ 1 小茶匙
- 奶油／ 10g

🍴 步驟

1. 將義大利麵條對折，放進鍋裡煮熟（起鍋時間比義大利麵包裝袋上標示的時間，更提早 1 分鐘起鍋）。

2. 在耐熱容器裡放入奶油，微波至稍微溶解後，放入材料 B 並拌勻。

3. 將燙熟的義大利麵放入步驟 2 裡攪拌均勻。

4. 再平均分成 7 小等份，放置冷卻後，冰到冷凍，以備隨時可以使用。

胎 胎 memo

分裝好的小義大利麵放入便當食用前，解凍後再撒上適量的細絲海苔調味裝飾即可。

## 奶油炒菠菜

份量：2 人份

🍄 🍄 材料

- 菠菜／1 袋
- 紅蘿蔔／半支
- 玉米粒／3 ～ 4 大茶匙
- 奶油／1 大茶匙
- 鰹魚露／1 小茶匙
- 胡椒鹽／少許

步驟

1. 將菠菜切成數段，稍微燙過，再將水瀝乾。
2. 熱好平底鍋後，放入奶油溶解後，再放入玉米粒與菠菜下去拌炒。
3. 加入鰹魚露及少許胡椒鹽，調味拌勻後起鍋。

## 中華芝麻糰子

份量：8 顆份

🍄 🍄 材料

- 紅豆餡
  （市售）／240g
- 白芝麻／適量
- 油／適量

糰子部分備料：
- 糯米粉／50g
- 米粉
  （上新粉）／10g
- 水／50c.c.
- 砂糖／8g
- 鹽／少許

步驟

1. 將紅豆餡依照 30g 等分成數個，並稍微搓圓。
2. 將糰子部分的備料全部放進同一個容器裡，用手拌勻成麵糰，再依 30 ～ 40g 左右，分成數等份。
3. 步驟 2 分好的小麵糰用手搓圓，再稍微壓平，放入步驟 1 的紅豆餡，包覆並搓圓。
4. 步驟 3 的圓球表面一一沾取白芝麻。
5. 放入 160 度的熱油裡，炸至芝麻球浮上油面即可起鍋。

胎 胎 memo

上新粉就是日本國產梗米製成的粉，如果你在臺灣買不到，也可使用蓬萊米粉。

# 大耳查布便當

## チェブラーシカお弁当

阿桃送我的第一隻娃娃就是大耳查布。

這隻小生物在水果箱裡被撿到，被果販送去動物園，動物園說這不是他們園裡的動物，輾轉被送來送去後，他認識了一隻鱷魚，只有鱷魚願意當他朋友聽他說話，然後…日子久了漸漸的多了好多其他動物朋友。

就像大學時剛到日本且語言不通的我，被阿桃撿回家一樣。

感謝當時美好的相遇。I love every little thing about you.

查布跟鱷魚，平凡，卻感謝彼此的每天作伴。

伴一這個字我很喜歡，一人就一半，兩人就完整了。

就像我們平凡的每一天，我下班回到家趕緊煮飯，等阿桃回來後一起共度晚餐，我們會聊聊彼此的一整天，完後，他會貼心的幫忙洗碗，而我摺衣服。因為擔心彼此太累，而這些看似普通的舉動，在我解讀成是～「婚後的愛，不再像是交往時的甜言蜜語來表達。透過生活的日常點滴小事，感受到了對彼此的關係與疼愛。」

配菜

柴魚拌竹筍
甜蜜泡菜炒嫩豬
甜在心奇異果

# 大耳查布&鱷魚造型

## 材料

- 熱溫熱米飯／1大飯碗量
- 海苔／1枚
- 起司片／半片
- 調味豆皮／2片
- 蟹肉棒（火鍋料那種）／3支
- 青椒／半個
- 拌飯粉（香鬆粉）／少量
- 日式美乃滋／少量

 ### 胎胎 memo

1. 喜歡重口味的人，可依個人喜好在飯中間夾層可撒上些許香鬆粉。

2. 青椒可以生吃，也可以先燙過冷卻後，再剪出步驟2-1的造型喔！

3. 2-4鱷魚眼睛藍色部分，可將蟹棒的內部白色部分，事先浸泡在食用色素水裡，（藍色食用色素與水的比例約1：10），待蟹棒變成淺藍色後取出，稍微擦乾後即可剪出2小圓即可。抑或是直接以海苔做成平面的眼睛也OK喔！

## 步驟

1. 先將白飯鋪平在便當盒裡。

2. 鱷魚部分：

2-1 用青椒剪出鱷魚頭形（類似長條的愛心），再剪出2片小圓（眼睛），2隻手掌。

2-2 用起司剪出2條圓邊長條（嘴部），2片小圓（眼球）。

2-3 用豆皮剪出1頂小帽子。用蟹棒的紅色表皮排出鱷魚的身體（類似三角形），蟹棒的內部白色部分則排出鱷魚的衣領。

2-4 依照圖片樣式排放到步驟1的白飯上後，再用蟹棒的紅色表皮剪出鱷魚的舌頭，用起司剪2小個方形，排做鱷魚的牙齒，用海苔剪2小圓，做鱷魚的眼睛。

3. 大耳查布部分：

3-1 用豆皮剪出4片橢圓（2片耳朵，1片頭，1片身體），再剪出2片小橢圓（腳），2條圓邊長條（手臂）。

3-2 用起司剪出1片大橢圓（臉），1片中橢圓（肚子），2片小橢圓（眼睛）。用海苔剪出2個小橢圓（眼睛），1個小三角（鼻子），2隻小手掌。

3-3 剩下的豆皮再剪出2小段眉毛。部位都剪好後，慢慢的將各部位排放到餐盒裡。

4. 用單隻筷子輕輕沾取些許美乃滋，點在排列好的鱷魚與查布的黑色海苔眼球上，利用剩餘的蟹棒紅色表皮，剪出1小細段，當作查布的小嘴巴即可。

## 柴魚拌竹筍　　　份量：2 人份

🍄🍄 材料

A.
- 竹筍／1 根
- 柴魚片／適量

B
- 鰹魚露／3 大茶匙
- 料理酒／2 大茶匙
- 味醂／2 大茶匙
- 砂糖／1 小茶匙

　步驟

1. 將材料 B 的調味料都放進鍋裡，再將竹筍切成一口大小，一同放入，蓋上鍋蓋，以中火悶煮約 10 ～ 15 分鐘。關火後，暫時不動，先放置冷卻。

2. 冷卻後，裝到容器裡，淋上鍋裡剩下的醬汁，再依照個人喜好，撒上適量柴魚片即可。

## 甜蜜泡菜炒嫩豬　　　份量：2 人份

🍄🍄 材料

- 市售韓式泡菜／1 盒
- 豬肉片／200g
- 青蔥／半束（切成 5cm 數段）
- 蜂蜜／2 大茶匙

　步驟

1. 熱好平底鍋後，維持中小火放入豬肉片拌炒，至肉片變色。

2. 再放入韓式泡菜（連同醬汁）及青蔥段繼續拌炒。

3. 加入蜂蜜拌炒均勻即可起鍋。

胎胎 memo

依照個人口感，可酌量調整蜂蜜，亦可用砂糖代替，甜味會中和辣度。

## 甜在心奇異果

 材料

· 奇異果／1顆
· 蜂蜜／適量

步驟

將奇異果去皮，切成厚度約 1cm，再淋上
些許蜂蜜即可。

胎 胎 memo

金黃奇異果本身比一般奇異果甜，依喜好蜂蜜
酌量添加唷！阿桃本身怕辣又怕酸，所以為他
淋上了些許蜂蜜，意外的讓他喜歡上這味道。

# 海豚表演便當

イルカお弁当

游泳，對我來講是一件非常害怕的事。

但對胖胖圓圓的阿桃而言，卻彷彿如魚得水般的自在。

每次去泳池或海邊，我絕對少不了游泳圈這個好夥伴，就像那隻白色小海獅，都已經爬在海豚身上了，還是硬要用個泳圈保命。

而那胖胖的海豚就像阿桃，自由自在的玩著球球，就這樣相隨相形，一起看看海底美麗的世界。

## 配菜

起司豬排

梅香小雞塊

焗烤雞肉筆管麵

# 海豚 & 小海獅造型

## 🍄🍄 材料

- 溫熱米飯／2 大飯碗量
- 海苔／1 枚
- 起司片／半片
- 青椒／半個
- 蟹棒（火鍋料那種）／1 支
- 食用彩色拌飯粉（藍）／適量
- 食用色素（紅／黃／綠）／適量
- 日式美乃滋／少量

## ✎ 步驟

1. 先將 1 飯碗的白飯鋪平在便當盒裡，另 1 飯碗的飯分為 3 等份（依照 3（海豚）：2（小海獅）：1（球）的量）。

2. 海豚部分：

2-1 步驟 1（海豚）部分的白飯，先取 1 小部分起來（待會製作海豚肚子用），剩下的飯放入碗裡，加入適量藍色拌飯粉拌勻。

2-2 再取 1 小部分藍色的飯，先黏到便當盒左下角裡已鋪平的白飯上當作海底的礁石，剩下的藍色飯則與剛剛特地留下的小部分白飯稍微貼合，放在保鮮膜裡用手慢慢捏出海豚的形狀。

2-3 捏好後放入便當盒裡，用海苔剪出 1 條「（」狀的做為嘴巴，與 1 個小圓做為眼睛，沾取些許美乃滋固定貼上。

3. 小海獅部分：

3-1 取步驟 1 裡面的（小海獅）部分的白飯，用保鮮膜搓圓，並做出 1 個小尾巴，放入便當盒（海豚的上方），用海苔剪出 2 個小圓（眼睛），1 個嘴鼻，4 根細鬍鬚，沾取些許美乃滋固定貼上。

3-2 再用起司片剪出半條圓弧狀，沾美乃滋貼到小海獅的肚子上，用蟹棒的紅色外皮剪出數段小長條，一樣沾取些許美乃滋固定貼上。

### 彩色球部分：

4-1 取步驟 1 裡面的（球）部分的白飯，分成 3 小等份，分別放進各個小碗裡，各別加入少量的食用色素（紅／黃／綠）拌勻。

4-2 再用保鮮膜將 3 色飯包覆捏圓，擺放到海豚的嘴巴頂部。

### 海草部分：

5-1 將半顆青椒洗淨去籽，放入耐熱容器中，微波加熱 10 秒後取出。

5-2 用剪刀剪出數段捲曲海帶狀，再用小鑷子慢慢的夾取，沾美乃滋貼到便當盒左下角的礁岩上與小海獅旁邊的空曠地方即可。

## 起司豬排　　　　　份量：1 小等份

🍄🍄 材料

• 豬肉排／1 小塊　　　炸衣部分備料：
• 胡椒鹽／適量　　　　• 雞蛋／1 顆
• 起司片／　　　　　　• 低筋麵粉／適量
　1 片（對半切）　　　• 麵包粉／適量
• 碎羅勒粉／少許

✎ 步驟

1. 用叉子將豬肉排正反面都平均戳洞，再撒上適量的胡椒鹽。

2. 將豬肉排對半折起，裡面夾著半片起司包好。

3. 將步驟 2 的豬肉排，依照麵粉→蛋液→麵包粉的順序沾裹豬肉排。

4. 放入已燒熱至 170 度的熱油裡，正反兩面各炸 3～4 分鐘，表面呈現金黃色至熟後起鍋。

5. 起鍋後的豬排上蓋上另外半片起司，放入己預熱的烤箱中用 180 度烤約 30 秒，待起司片稍微融化後取出，再撒上適量的碎羅勒粉即可。

## 梅香小雞塊

份量：2 人份

### 材料

- 雞胸肉／1 塊
- 日式梅乾／3 顆（其中 2 顆切成梅泥狀）
- 椒鹽粉／適量
- 油／適量
- 密封袋／1 個
- 擀麵棍／1 枝

炸衣部分備料：
- 雞蛋／1 顆
- 料理酒／1 大茶匙
- 低筋麵粉／5 大茶匙
- 原味優格／1 大茶匙

### 步驟

1. 將雞胸肉切成一口大小，放進密封袋裡，用擀麵棍輕輕地將雞肉敲成稍微扁平，取少量梅乾泥，各自包覆在雞肉裡面，並撒上適量椒鹽粉，再用手稍微將雞肉整成圓狀。

2. 鋼盆裡放入步驟 1 的雞肉、雞蛋、料理酒、原味優格，攪拌均勻後，醃約 5 分鐘入味，再加入低筋麵粉一同攪拌至黏稠狀（麵粉多寡可自行控制）。

3. 在平底鍋裡倒入 1cm 高的油，開中火熱至中溫（約 170 度）時，用湯匙輕輕挖取步驟 3 的雞肉，放進油鍋裡炸。

4. 炸至肉的底部呈現金黃色後，翻面繼續炸至兩面都變金黃色後起鍋。

5. 剩下的 1 顆梅乾，不只是裝飾，也可與炸好的小雞塊一同食用。

### 胎胎 memo

加入優格是為了讓肉變得更軟，也可以保有肉本身多汁的口感。

## 焗烤雞肉筆管麵

份量：4 人份

### 材料

- 雞胸肉／100g
- 培根／4 片
- 洋蔥／1 顆
- 筆管麵／80g
- 奶油／30g
- 麵粉／4 大茶匙
- 鮮奶／200c.c.
- 椒鹽粉／適量
- 高湯塊／1 塊
- 碎起司／適量
- 迷迭香／少許
- 便當用鋁箔（烤紙）小皿／數個

### 步驟

1. 將雞肉切成小塊狀；洋蔥切絲狀；培根切成 1cm。

2. 切好的雞肉塊，先撒上適量的椒鹽粉調味。

3. 準備小鍋，放入筆管麵煮熟，再稍微濾乾。

4. 在熱好的平底鍋裡，放入奶油溶解，再放入培根與洋蔥拌炒至洋蔥稍微變軟，加入麵粉拌炒，並慢慢加入鮮奶化開後，放入步驟 3 的筆管麵，高湯塊，椒鹽粉調味並煮熟。

5. 煮好後，分裝倒入 便當用鋁箔（烤紙）小皿中，撒上適量碎起司。

6. 放進烤箱烤至表面微焦，再撒上少許迷迭香即可。

### 胎胎 memo

1. 事先分量裝起來，等之後要做便當配菜時，直接微波加熱即可使用。

2. 迷迭香可依各人喜好，選擇加或不加。

# 熱狗小章魚互相作伴

 さんウィンナーお弁当

阿桃睡前跟我説：「我們倆這樣簡簡單單，互相作伴真的很好。」
也讓我思考了一下，每天忙碌的生活裡，到底我們所追求的是什麼？
我想，
應該就是自己所愛的那個人，也深深愛著自己吧！
看到對方的笑容，莫名的，自己也會跟著開心起來。
就像這小章魚一樣，找到了這世界上最懂自己的另一半。

配菜

香草風味烤雞腿
簡易蒸悶迷迭香洋芋
芝麻風味山藥涼拌

# 小章魚飯糰

**材料**

- 溫熱米飯／1 大飯碗
- 海苔／1 枚
- 黑芝麻／4 粒
- 起司片／1 小片
- 小熱狗／1 根
- 香鬆拌飯粉
  （口味不限）／適量

**胎胎 memo**

1. 海苔頭尾端可稍微沾濕，黏著會更牢固。
2. 芝麻眼睛及起司嘴巴，可沾取少許美乃滋當作接著劑。

**步驟**

1. 將 1 大飯碗飯分為 2 等份，利用保鮮膜捏成 2 顆橢圓飯糰。（裡頭可包個人喜好的拌飯粉）。

2. 將小熱狗擺橫，從中間斜切，並在斜切面的地方，劃出 3～4 刀，放至耐熱容器裡，以 500w 微波約 8～10 秒。（小章魚的腳有稍微翹起來即可取出）。

   （亦可用滾水稍微燙過，一樣至小章魚的腳有稍微翹起來即可起鍋）。

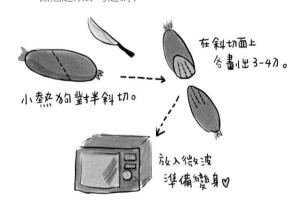

3. 將小章魚擺到橢圓飯糰上，利用海苔剪出兩條細長條狀，把小章魚固定。

4. 利用黑芝麻當眼睛，貼在小章魚臉上，將起司片剪出 2 小圓，再利用筷子點出中間的洞即可貼上。（可用少許美乃滋當作接著）。

## 香草風味烤雞腿　　份量：5～6隻

 材料

- 小雞腿（棒棒腿）／5～6隻
- 市售香草椒鹽調味粉／適量

步驟

1. 將小雞腿解凍後，用菜刀在雞腿上輕劃幾刀，可讓肉的內部更加入味。

2. 將劃好的小雞腿放入烤箱，上下火全開，烤約8～10分鐘。（依個人狀況調整烘烤時間）。

3. 烤至小雞腿表面已成焦亮金黃色時，即可關火取出。

4. 均勻撒上香草椒鹽粉後，為方便食用，可將尾部以鋁箔紙包覆。

## 芝麻風味山藥涼拌　　| 份量：1～2人份

🍄🍄 材料

- 山藥50g ／（切成約 5mm 長條）
- 紅蘿蔔40g ／（切成較細薄長條）
- 白芝麻／少許

✎ 步驟

1. 將紅蘿蔔絲放入耐熱容器，以 500w 微波加熱約 1 分鐘變軟後取出放涼。
2. 放涼的紅蘿蔔絲與山藥一同放進同個容器中，淋上鰹魚露及芝麻香油，再撒上些許白芝麻即可（完成後可密封放冷藏，品嚐冰涼風味）。

## 簡易蒸燜迷迭香洋芋　　| 份量：1人份

🍄🍄 材料

- 馬鈴薯／2～3粒（小顆且嫩皮的）
- 市售迷迭香調味粉／適量

✎ 步驟

1. 將馬鈴薯表皮洗淨後，用刀劃出對角十字。
2. 放至加熱容器裡，以 500w 微波約 2～3 分鐘後取出。
3. 放至盤裡，並灑上適量迷迭香調味粉即可。

# 小亨狗臘腸堡便當

ダックスフントお弁当

餐餐離不開米飯的阿桃，說他這是道地日本人的精神。
但是，
再怎麼喜歡一定也是會有吃膩的那天，
所以我就來做個沒有米飯的卡通便當，給阿桃一個小驚喜！

配菜

**蟹棒玉子燒**
**蛋炒麵**
**火腿小花**

# 小亨狗臘腸堡造型

 **材料**

- 圓麵包／2個
- 海苔／1小片
- 日式美乃滋／少量
- 奶油／少量
- 小熱狗／2支
- 生菜／少許

 **步驟**

1. 將圓麵包從中間剖開（不要切斷），內部切面各塗上些許奶油，放入已預熱的烤箱180度烤2～3分鐘（表面呈現酥脆即可）。

2. 將熟的小熱狗依照圖示切好，並折4小段的義大利麵來固定耳朵。

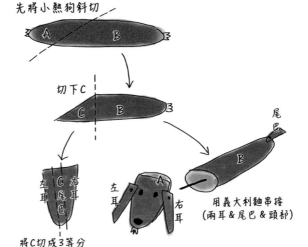

先將小熱狗斜切

切下C

將C切成3等分

左耳 右耳 尾巴

左耳 右耳

用義大利麵串接
（兩耳&尾巴&頭部）

尾巴

3. 在步驟1已烤好的圓麵包內放入擠入適量美乃滋，放入些許生菜，再將做好的小臘腸們放進去，並擺進便當盒裡。

4. 最後用海苔剪出4個小圓（眼睛），2個鈍角小三角型（鼻子），再用鑷子夾取，沾取些許美乃滋，貼到小臘腸的臉上即可。

## 蛋炒麵

份量：1人份

 材料

- 炒麵（市售）／1袋
- 蛋／1顆
- 炒麵醬／適量
- 三色豆（紅蘿蔔丁／青豆／玉米粒）／少許
- 芝麻香油／少許

步驟

1. 在熱好的平底鍋裡倒入少許芝麻香油，燒熱，倒入蛋液，快速炒成碎蛋後起鍋。

2. 將平底鍋用餐巾紙稍微擦拭，倒入些許芝麻香油，熱好鍋油後，放入炒麵以及三色豆拌炒，炒至麵條都沒有結塊狀後，放入步驟1的炒蛋拌勻。

3. 最後依照個人口感，加入適量的炒麵醬調味即可。

胎胎 memo

日本超市的炒麵條，亦可用台灣的油麵替代。

## 火腿小花

份量：1人份

材料

- 火腿片／4片

步驟

1. 將火腿片對半輕輕折，不要折斷。

2. 在中間對折處，取相同間距，切劃數刀。

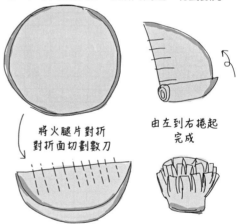

將火腿片對折
對折面切劃數刀

由左到右捲起
完成

3. 再將火腿片捲起即可。

胎胎 memo

一般市售的火腿片，通常可直接食用，如不放心，可在步驟1前，先稍微微波3～5秒喔。

# 蟹棒玉子燒

份量：2 人份

## 材料

- 蛋／4 顆
- 蟹棒（火鍋料那種）／2～3 支（先撕成絲狀）

B.
- 砂糖／4 小茶匙
- 日式美乃滋／2 小茶匙
- 味醂／1 小茶匙
- 鰹魚露／1 小茶匙
- 鮮奶／1 小茶匙

## 步驟

1. 在碗裡將蛋打散，再加入材料 B 的調味料拌勻。

2. 平底鍋裡倒入適量的油後，以中火熱鍋，再分多次倒入蛋液，第一次倒入的量約覆蓋平底鍋面，薄薄的一層，輕輕慢慢搖轉平底鍋，好讓蛋液流動鋪滿鍋面，並在上面鋪撒些許蟹棒絲。

3. 每次倒入蛋液的量以適中最為剛好，大約 5 秒左右，從平底鍋對向開始，用筷子慢慢朝自己方向捲起（要注意不要焦掉），捲到最靠近自己方向時，完成第一卷後，再往平底鍋面倒入第二次蛋液，一樣輕微搖轉平底鍋，讓蛋液鋪滿鍋面，等待 2～5 秒，換用筷子翻煎靠近自己的這條蛋卷，往對向鍋面慢慢捲去。

4. 同樣的方式持續來回，直到蛋液倒完為止，此時玉子燒也越捲越大，完成後關火，後冷卻後輕輕切開即可。

### 胎 胎 memo

1. 蛋打得越散，煎起來的玉子燒顏色會越鮮黃越可愛。所以要用筷子慢慢的把透明的蛋白打到消失為止，但速度千萬不要太快，避免起泡。

2. 用長方形的小平底鍋，會比較好翻捲，煎出來的玉子燒也會比較厚。

3. 記得玉子燒一定要放置冷卻後再切開，形狀與切面才會好看唷！

# 豆皮小蝸牛便當

## かたつむりお弁当

在一個颱風天的夜晚，阿桃卡桑為了救院子裡脆弱的小花，於是穿著塑膠雨衣，冒著風雨，硬是往院子裡衝。
瞬間，整間房子都傳來了超～驚恐的尖叫聲！
原來阿桃卡桑在烏漆嘛黑的院子裡，自認為應該知道盆栽小花們的所在之處，憑著直覺，蹲下就猛摸……
突然間，摸到的不是花，而是一條軟綿綿的無殼小蝸牛！
風雨交加的颱風夜裡，卡桑被小小一隻無殼小蝸牛給嚇到叫個不停，我們卻被叫個不停的卡桑給嚇到差點
從椅子上跳起來，隔天，做了這個「有殼」小蝸牛的便當，我說要給昨天那隻小蝸牛一個家，卡桑跟阿桃
全家又回想到前一晚的事，大家都笑了。
這就是家人之間，最平凡卻最幸福的日常生活。

### 配菜

日式炸蝦
泡菜醃秋葵
蝦泥可樂餅
檸香生菜

# 小蝸牛造型

🍄🍄 **材料**

- 溫熱米飯／半個便當盒量
- 海苔／半片
- 起司片／1片
- 調味豆皮／1片
- 紫蘇葉／1片
- 拌飯粉（香鬆粉）／少量
- 番茄醬／少量
- 燒肉醬／少量
- 日式美乃滋／少量

 **胎胎 memo**

1. 小蝸牛五官及腮紅，可用單支筷子沾取些許美乃滋，會比較容易貼附唷。

✎ **步驟**

1. 先將白飯盛入便當盒裡，稍微壓平（飯的夾層間可撒些香鬆粉）。

2. 在鋪好的白飯上，用一根筷子的頂部（較寬部分）沾取燒肉醬，畫出兩枝樹枝。

3. 在燒肉醬樹枝上，鋪上 1 片紫蘇葉。

4. **小蝸牛部分：**
用起司片剪出稍微傾斜的細長水滴狀，再另外剪出 2 個小圓，2 根細條狀（觸角），用豆皮剪出環繞狀，就是類似蚊香狀（蝸牛殼），用海苔剪出 2 個觸角狀（比起司觸角大一點點），再剪出 2 個小橢圓（眼睛），1 條小嘴巴，用火腿片剪出 2 個小圓（腮紅），全部剪好後，依照圖片上排列貼上即可。

5. 用單枝筷子沾取些許番茄醬，在白飯處畫出 1 個愛心。

## 蝦泥可樂餅

  份量：8 塊

 材料

- 馬鈴薯／中 4 個
  （切成細片狀）
- 洋蔥／半顆（切成
  細末）
- 紅蘿蔔／半條（切
  成碎末）
- 蝦泥／20g
- 絞肉／80g

- 雞蛋／1 顆
- 麵粉／適量
- 油／適量
- 麵包粉／適量
- 胡椒鹽／少許

步驟

1. 將馬鈴薯去皮後切成細片狀，在滾沸的
   水裡煮軟後起鍋，趁還有餘溫時，撒上
   些許胡椒鹽，以湯匙壓碎成馬鈴薯泥狀
   後放置。

2. 將洋蔥細末，紅蘿蔔末與絞肉一起拌炒，
   再加入所有調味料炒熟，起鍋後與步驟 1
   的馬鈴薯，還有蝦泥一起攪拌均勻。

3. 開始整形已經拌好的馬鈴薯肉泥，先平
   均分至 8 等份，以雙手搓成橢圓狀，再
   順序裹上麵粉→蛋液→麵包粉，最後再
   放入 180 ～ 190 度的熱油裡炸至金黃色
   酥脆即可起鍋。

## 日式炸蝦

 份量：2 人份

材料

- 生鮮蝦（無頭）／ 8 ～ 10 隻
- 油／適量
- 天婦羅粉／適量
- 水／適量

 步驟

1. 將生鮮蝦去殼去腳，鮮蝦尾部的末端斜切
   去除。

2. 鮮蝦背部用刀輕輕劃一刀，順便將沙腸（背
   部黑黑的小長條）去除乾淨。

3. 在鮮蝦的腹部，輕輕斜劃 3 ～ 4 刀（依蝦
   的大小決定），再用雙手稍微輕輕的將鮮
   蝦拉直。

4. 在鋼盆裡倒入適量的天婦羅粉與水拌勻成
   為濃稠狀。（依鮮蝦數量多寡決定天婦羅
   粉與水的量）

5. 將拉直的鮮蝦沾取適量的步驟 4，放入熱
   好的油鍋裡，炸至炸衣表面呈現金黃色後
   即可起鍋。

胎胎 memo

1. 天婦羅粉可到日式超市購買。

2. 去除生鮮蝦的尾部末端是為避免水分殘留，
   炸時才不會讓油四濺。（這是阿桃歐卡桑傳
   授我的小祕訣）

須在前一天準備的料理！

## 泡菜醃秋葵

 材料

**A.**
- 秋葵／ 12 ～ 15 支
- 鹽／適量
- 白芝麻／適量

**B.**
- 蒜泥／ 2 小茶匙
- 辣椒粉（唐辛子粉）／ 1 大茶匙
- 芝麻香油／ 2 小茶匙
- 醬油／ 2 小茶匙
- 韓式泡菜（市售）／ 2 大茶匙（切成碎末狀）

步驟

1. 將秋葵洗淨，整齊排放進保鮮盒裡，再於表面撒滿適量鹽巴。

2. 在秋葵上方壓住一個小碟子（小盤子亦可），在蓋上保鮮膜蓋子後，放入冰箱冷藏一晚。

3. 隔天取出後，會發現醃製過的秋葵會流出淺棕色的湯汁，將湯汁去除，保鮮盒與秋葵洗淨，用紙巾擦乾。

4. 將擦乾後的秋葵再放回保鮮盒裡，加入材料 B 的調味料拌勻，蓋上蓋子，再放入冷藏約半天，待醃製入味，取出後撒上適量白芝麻裝飾即可。

## 檸香生菜

份量：1 人份

 材料

- 生菜（萵苣）／ 2 大片
- 小番茄／ 2 顆
- 檸檬切片／ 1 小片
- 起司粉／ 1 小茶匙
- 和風醬／適量

步驟

1. 將生菜輕輕撕成 1 口大小，洗淨並瀝乾。

2. 小番茄隨意對切或切成 4 等份。

3. 將檸檬切片再分切為數小等份。

4. 放進碗盤裡，淋上些許和風醬與起司粉，食用前拌勻即可。

# 魚板小兔兔便當

かまぼこ  お弁当

紅白魚板對身為台灣人的我，並不陌生。
從小吃火鍋時，跟妹妹兩人一定會吵著媽媽要買！
只是來到日本後，第一次看到，一樣是紅白魚板，卻是長長一大塊黏在木板子上，甚至還有教人家利用魚板做出可愛造型。
這次跟大家分享的是簡單的小白兔造型，不用一會兒工夫，就可以輕鬆做出來唷！

配菜

日式豆腐拌菠菜
簡易燒賣
馬鈴薯培根卷

# 魚板小兔兔造型

 材料

- 溫熱米飯／1個便當盒量
- 調味豆皮／1枚
- 紅白魚板／2片
- 番茄醬／少許
- 黑芝麻／4粒
- 日式美乃滋／少許

步驟

1. 先將白飯鋪放在半邊便當盒裡。
2. 將調味豆皮切成絲狀，鋪放到步驟1的白飯上。
3. **魚板小兔兔部分：**
   沿著魚板紅白交接處剪開至一半，剪開的粉紅部分再剪成對半（不要剪斷），往內輕塞，便完成了兔耳（另一隻也是相同作法）。

沿著板紅白交接處剪開一半，剪開的粉紅部分再剪成對半（不要剪斷喔）。

往內輕塞,便完成了兔兔。

胎胎 memo
如果覺得白米飯太多，吃來單調，可以在中間夾層可撒上些許香鬆粉。

4. 將兩隻小兔兔放到步驟2的豆皮草地上。
5. 用鑷子夾取黑芝麻，沾取些許美乃滋輕輕貼上當作眼睛，再用單枝筷子沾取少許番茄醬，在兔子雙頰輕點為腮紅即可。

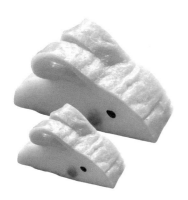

不需蒸籠，用平底鍋即可

## 簡易燒賣

份量：2 人份

 材料

- 豬絞肉／2oog
- 洋蔥／半顆（切碎末）
- 香菇／1 大朵（切碎末）
- 四季豆／15g（切成數小段）
- 砂糖／2 小茶匙
- 味醂／2 小茶匙
- 醬油／2 小茶匙
- 料理酒／2 小茶匙
- 太白粉／2 小茶匙
- 高湯粉／1 小茶匙
- 芝麻香油／1 小茶匙
- 生薑泥／1 小茶匙
- 燒賣皮／18 ～ 20 張
- 水／200c.c.

步驟

1. 將所有食材（燒賣皮與水除外）全部放到乾淨鋼盆裡，來回 20 次仔細拌勻。

2. 手掌心放一張燒賣皮，步驟 1 拌勻的肉泥，挖取 1 大茶匙量，放置燒賣皮的正中央。

3. 將燒賣皮的 4 個角往內折，並輕輕貼住。

4. 步驟 3 貼住後會再出現 4 個角，再將這 4 個角稍微往上拉，並稍微調型捏圓整顆燒賣。

5. 在平底鍋裡鋪上一張與鍋面差不多大小的烤焙紙，再將包好的燒賣集中放在正中央後，往烤盤紙的細縫裡倒入 200c.c. 的水，蓋上鍋蓋，以中火燜煮約 10 分鐘後即可起鍋。

胎 胎 memo

平底鍋裡的置放順序由上而下是：燒賣 > 烤盤紙 > 水 > 平底鍋，這樣做就成功啦～

## 日式豆腐拌菠菜

🍄🍄 材料

- 木棉豆腐／150g
- 菠菜／半束
- 紅蘿蔔／1/4 根（切絲）
- 乾燥羊栖菜（鹿尾菜）／5g

B.
- 鰹魚露／1 大茶匙
- 味噌／1 大茶匙
- 砂糖／1 大茶匙
- 白芝麻／1 小茶匙（搗碎）

　步驟

1. 用乾淨的廚房紙巾先將豆腐包覆吸水，盡量越乾越好。

2. 乾燥羊栖菜先浸洗過後濾乾，再將紅蘿蔔與菠菜燙好，將菠菜切成約 3cm 大小，三者皆把水濾乾。

3. 在乾淨大碗裡，放入步驟 1 已去水的豆腐及材料 B 的調味料，用湯匙壓碎拌勻。

4. 再將步驟 2 菜一起放入大碗中拌勻入味即可。

胎胎 memo

1. 豆腐、菠菜、羊栖菜、芝麻，這些食材對孕婦所需的營養素也有很大的益處喔。

2. 羊栖菜在台灣較少見，可到百貨公司地下的日系超市找找，或以木耳絲代替。

## 馬鈴薯培根捲

🍄🍄 材料

- 馬鈴薯／3 顆（中）
- 厚培根／1 小塊（切細長條狀）
- 胡椒鹽／適量
- 奶油／1 小茶匙

　步驟

1. 將馬鈴薯洗淨去皮、切塊，放入耐熱容器裡，蓋上保鮮膜，以 500w 微波 3 分鐘，確定馬鈴薯已經變軟後，用湯匙壓碎，再加入奶油拌勻，並稍微放置冷卻。

2. 用步驟 1 的馬鈴薯泥包覆培根條，稍微調整成圓柱狀。

3. 放到熱好的平底鍋裡，以中小火慢慢煎，用筷子翻滾數次，直到馬鈴薯圓柱表面都呈現金黃色即可起鍋。

胎胎 memo

步驟 1 的馬鈴薯，會因為大小不同而影響微波時間長短，可先設定 2 分鐘，檢查看馬鈴薯是否變軟，再酌量增加微波時間。亦可用電鍋蒸熟。

# 小企鵝便當

## ペンギン お弁当

在台灣我從來沒有看過雪，直到多年前來日本留學時，某個快結束的冬天，阿桃豆桑為了實現我想看雪的心願，開了將近半天的車，載著我與全家人直往深山裡奔。

原以為冬天將結束，雪應該也融得差不多了……

沒想到就在放棄前的那瞬間，一片白茫茫的森林景象，就這樣映入大家的眼簾。

下一秒，阿桃立刻聯合弟弟，一起挑戰我跟他妹妹，我們開始了雪球攻擊大戰，而卡桑則是在一旁忙著堆雪人，直到他們倆推不動雪球了，我們幾個孩子一起幫忙推，雪人也就越推越大隻。

永遠忘不了，那時候我們一起抓住的……冬天的尾巴。

回憶到那年冬天，讓我有靈感做了這個便當，就像大企鵝帶領著小小企鵝，陪伴照料著，一起體驗更多這世上的美好。

### 配菜

中華風韭菜炒花枝
日式高野豆腐煮
炒米粉

# 大小企鵝&冰天雪地造型

## 🍄🍄 材料

- 溫熱米飯／1個便當盒量
- 海苔／3～4枚
- 起司片／2片
- 火腿片／1小片
- 紅蘿蔔／1小片
- 蒟蒻／1小塊
- 白色魚板（はんぺん）／
  1大片
- 拌飯粉（香鬆粉）／適量
- 日式美乃滋／少量
- 食用色素（藍）／少量

### 胎 胎 memo

1. 可依照個人喜好，決定使不使用食用藍色素。如不使用的話，其實整體白魚板也是可以呈現出寒冷地帶感唷！

2. 白色魚板也可用白飯代替，雖然無法呈現方塊感，但利用白飯來製作，也可呈現出不同感覺。

## ✎ 步驟

1. 先將白飯鋪平在便當盒裡（飯中間夾層可撒上些許香鬆粉）。

2. **冰天雪地部分：**
   白色魚板對切成 2 等份，將食用藍色素與水以 1：10 稀釋，取 1 等份白魚板，稍微浸泡著色後取出，稍微用乾淨紙巾擦乾，再取另 1 等份的白色魚板，隨意切成一口大小，依照圖片樣式排放到步驟 1 的白飯上。

3. **大企鵝部分：**
   用海苔先剪出 1 片身體，2 片手，2 片小腳，貼在起司片上，留 0.3cm 左右的邊剪下，拼放到藍色魚板上，再用起司剪出肚子與眼白，用海苔剪出微笑眼睛，紅蘿蔔切片剪出 1 個三角形當作嘴巴即可。

4. **小企鵝部分：**
   用海苔先剪出 1 片圓形（頭），2 片小圓（眼睛），2 隻小腳，用火腿片剪出 2 片小圓（腮紅），紅蘿蔔片剪出 1 小橢圓（嘴巴），用蒟蒻剪出 1 個小身體，再用起司剪出了類似愛心形狀的臉形，貼到圓形（頭）海苔上，海苔眼睛，火腿片腮紅與紅蘿蔔嘴巴也一併貼上，再與蒟蒻身體，海苔小腳一同擺放到藍色魚板上即可。

## 中華風韭菜炒花枝

份量：2 人份

 材料

- 花枝／1 條（切成 1cm 寬的花枝圈）
- 韭菜／1 束（切成 5cm 數段）
- 白芝麻／適量
- 蒜泥／1/2 小茶匙
- 薑末／1/2 小茶匙
- 芝麻油／2 大茶匙

B.
- 醬油／1 大茶匙
- 料理酒／1 大茶匙
- 素蠔油／2 小茶匙
- 砂糖／2 小茶匙

✎ 步驟

1. 在平底鍋裡倒入些許芝麻油，以中火熱油鍋，放入蒜泥與薑末下去稍微爆香，再放入切好的花枝圈快炒。關火後，暫時不動，先放置冷卻。

2. 花枝炒熟，加入材料 B 的調味料拌炒入味，再放入韭菜快炒拌勻後起鍋。

胎 胎 memo
加入調味料後容易焦鍋，所以得稍微注意一下火候跟時間唷。

## 日式高野豆腐煮

份量：1 人份

 材料

- 高野豆腐（乾燥）／2 塊
- 香菇（乾燥）／1 大朵
- 四季豆／15g（切成數小段）
- 水（香菇浸泡用）／170c.c.
- 砂糖／1 大茶匙
- 醬油／1 大茶匙
- 料理酒／1 小茶匙

✎ 步驟

1. 乾燥香菇放入 170c.c. 的冷水裡，浸泡至香菇吸水軟化，變得有點膨脹後，隨意切成數小片。

2. 將乾燥的高野豆腐浸泡在溫水裡，等整塊吸水膨脹後，把水轉乾，多次重複沖洗乾淨→轉乾→沖洗→轉乾的動作，再切成一口大小。

3. 把步驟 1 的香菇浸泡水倒入鍋裡，再依序放入高野豆腐、香菇丁、料理酒、砂糖與醬油，以中小火煮約 10 ～ 15 分鐘，起鍋前 2 分鐘左右，放入四季豆，稍微熱一下即可起鍋。

胎 胎 memo

1. 日本的高野豆腐口感非常特別，剛買來時是乾燥堅硬的，泡水後會吸水膨脹像海綿般，因此可吸收許多湯汁菁華，在台灣可到日式超市找找看，若是出現率不高，也可用一般的凍豆腐代替。

2. 起鍋前 2 分鐘才放入四季豆，是為了保留四季豆的青翠綠色喔。

# 炒米粉

🍄🍄 材料

- 米粉／300g
- 木耳／3 朵（切細絲）
- 蒜頭／1 顆（切細片）
- 紅蘿蔔／50g（切細絲）
- 洋蔥／1 顆（切細絲）
- 高麗菜／1/4 顆（切一口大小）
- 長蔥／1 支（斜面切成一口大小）
- 魚板／100g

B.
- 鹽／1 小茶匙
- 鰹魚粉／1 小茶匙
- 料理酒／2 大茶匙
- 醬油／3 大茶匙
- 芝麻油／少量
- 胡椒／少量
- 水／適量

🥄 步驟

1. 將米粉用冷水先泡軟，再放入滾水中煮一下至米粉變軟。

2. 在平底鍋裡熱好油之後，放入些許蒜片爆香，再放入高麗菜，以中火拌炒至稍微變軟，再依序放入洋蔥，長蔥拌炒。

3. 平底鍋內放入步驟1已燙過撈起的米粉，再放入木耳，紅蘿蔔，魚板拌炒，炒至紅蘿蔔變軟後，加入材料 B 的材料調味，充分拌勻即可起鍋。

胎胎 memo

1. 米粉很會吸水，步驟 1 撈米粉時，不必刻意將水瀝到很乾，才可以保有米粉的好口感喔！

2. 若喜歡味道比較重一點的，可加入些許肉片一起拌炒，味道更豐富。

# 蛋皮狗狗便當

### たまゴドックお弁当

蛋包飯是道很奇妙且可以輕易抓住丈夫的心的料理。

只是一樣是蛋包飯,這次做了狗狗造型,讓喜歡狗狗的阿桃,一打開便當盒就驚訝聲連連。

回想到當初,他第一次來台灣時,還被我台灣家裡的兩隻狗寶貝給咬了一大口,沒想到如今,只要我們有回台灣,他們無時無刻都膩在一起,共處的和睦融融,甚至兩隻寶貝還把阿桃當老大的跟前跟後,當時的仇恨已煙消雲散了……

配菜

奶香炒三色豆
簡易蝦味燒賣
咖哩肉春卷
甜蜜番薯條

# 蛋皮狗狗造型

 材料

- 溫熱米飯／1 大飯碗量
- 蛋／2 顆
- 海苔／3～4 片
- 黑芝麻／數粒
- 洋蔥／1/4 顆（切成蔥末）
- 蔥花／適量
- 火腿片／2 片（切碎）
- 番茄醬／適量
- 油／適量
- 胡椒鹽／適量
- 鰹魚露／適量
- 日式美乃滋／適量

脂脂 memo
在台灣可以用土雞蛋，
蛋黃的部分會更黃更好
看。

步驟

1 簡易炒飯製作：

在熱好的平底鍋裡，倒入些許油，放入洋蔥末及蔥花，以中火稍微爆香，放入碎火腿拌勻，再放入白飯快炒，加入番茄醬與胡椒鹽調味後起鍋，裝進半邊便當盒裡。

2 蛋皮狗狗部分：

2-1 打 2 顆蛋，將蛋白與蛋黃分開，分別酌量加入鰹魚露調味。

2-2 熱好平底鍋油，分別以小火煎出蛋黃薄片與蛋白薄片。

2-3 用乾淨小刀或牙籤，在蛋黃薄片上，刻出數個大豆形並取下蛋皮。

2-4 將蛋黃薄片蓋在蛋白薄片上，再鋪到步驟 1 的炒飯上，輕輕包覆整形。

3 用海苔剪出數片水滴形（耳朵），數小個圓形（鼻子），與數小條細「（」形（嘴巴）。

4 驟 3 剪好的用鑷子夾取，沾取少量美乃滋，貼放到狗狗的臉部，（黑芝麻眼睛也是相同方式貼上）。

## 咖哩肉春卷

份量：7 小等份

 材料

- 碎絞肉／200 ～ 250g
- 紅蘿蔔／半條（切碎泥）
- 馬鈴薯／2 ～ 3 個
- 咖哩粉／2 小茶匙
- 醬油／1 大茶匙
- 料理酒／1 小茶匙
- 水＋太白粉／各 2 小茶匙（拌勻）
- 油／適量
- 春卷皮／8 ～ 10 張

步驟

1. 將馬鈴薯洗淨去皮，切成塊狀，放入耐熱容器裡，蓋上保鮮膜，以 500w 微波 3 分鐘，確定馬鈴薯已經變軟後，用湯匙稍微壓碎。

2. 在容器裡放入碎絞肉、蘿蔔泥、馬鈴薯碎塊、咖哩粉拌勻。

3. 放到熱好的平底鍋裡，以中火快炒，再加入醬油與料理酒炒熟，倒入太白粉水，轉小火炒至稠狀後起鍋，稍微放置冷卻。

4. 將炒好的肉末，等量分放在 8 張春卷皮正中間，包覆捲起，放入已熱好 180 度的油鍋裡，翻轉炸至表面呈酥黃金色後即可起鍋。

胎胎 memo

貼合春卷皮末端時，可用手指沾取些許太白粉水，會貼的比較牢固唷。

## 甜蜜番薯條

份量：2 人份

 材料

A.
- 紅番薯／1 條
- 油／適量
- 黑芝麻／少量

B.
- 麥芽糖（水飴）／2 大茶匙
- 砂糖／2 大茶匙
- 蜂蜜／1/2 大茶匙
- 醬油／1/2 小茶匙

步驟

1. 將紅番薯表皮清洗乾淨，切成粗條狀，再用水稍微沖洗濾乾。

2. 在平底鍋裡倒入約 1.5cm 高度的油，慢慢加熱，在低油溫時放入步驟 1 切好濾乾的粗條薯條，約炸 3 ～ 4 分鐘後先起鍋濾油一次，番薯條的顏色還稍微偏淡。

3. 再放回鍋裡炸第 2 次，炸至薯條外表呈現金黃色後起鍋濾油。

4. 在鋼盆裡放入所有材料 B 的調味料拌勻，將步驟 3 的薯條放入，均勻沾滿表面。

5. 擺放到烤盤紙或大盤子上（番薯條之間隔些空隙），稍微放乾後，裝到保鮮盒裡，封蓋放入冷藏。

胎胎 memo

食用前，從冷藏取出，再撒上些許芝麻即可，若放入冰箱冷藏的薯條表面會更脆更好吃喔。

## 奶香炒三色豆 　　份量：1～2 人份

🍄🍄 材料

- 三色豆（紅蘿蔔丁 / 玉米粒 / 青豆）／ 100g
- 奶油／ 1 大茶匙
- 蒜鹽粉／適量
- 碎羅勒／少量

✎ 步驟

1. 在熱好的平底鍋裡，放入奶油與三色豆，以中小火慢炒，入適量的蒜鹽粉，熟透後起鍋。

2. 呈裝在容器後，撒上些許碎羅勒裝飾即可。

💬 不需蒸籠，用平底鍋即可

## 簡易蝦味燒賣 　　份量：2 人份

🍄🍄 材料

A.
- 豬絞肉／ 150g
- 蝦泥／ 50g
- 洋蔥／半顆（切碎末）
- 香菇／ 1 大朵（切碎末）
- 砂糖／ 2 小茶匙
- 味醂／ 2 小茶匙
- 醬油／ 2 小茶匙
- 料理酒／ 2 小茶匙

- 太白粉／ 2 小茶匙
- 高湯粉／ 1 小茶匙
- 芝麻香油／ 1 小茶匙
- 生薑泥／ 1 小茶匙

B.
- 燒賣皮／ 18 ～ 20 張
- 水／ 200c.c.
- 三色豆（紅蘿蔔丁、玉米粒、青豆）／適量

✎ 步驟

1. 將所有食材放到乾淨鋼盆裡，來回 20 次仔細拌勻。

2. 手掌心放一張燒賣皮，步驟 1 拌勻的肉泥，挖取 1 大茶匙量，放置燒賣皮的正中央。

3. 將燒賣皮的 4 個角往內折，並輕輕貼住。

4. 步驟 3 貼住後會再出現 4 個角，再將這 4 個角稍微往上拉，並稍微調型捏圓整顆燒賣，在燒賣中間上方隨機放置三色豆（紅蘿蔔丁 / 玉米粒 / 青豆）。

5. 在平底鍋裡鋪上一張與鍋面差不多大小的烤盤紙（烤餅乾用的那種），再將包好的燒賣集中放在正中央後，往烤盤紙的細縫裡倒入 200c.c. 的水，（由上而下順序：燒賣 > 烤盤紙 > 水 > 平底鍋），蓋上鍋蓋，以中火燜煮約 10 分鐘後即可起鍋。

# 小老鼠大起司便當

チーズマウスお弁当

我家真的養了一頭……老鼠。

多年前剛交往時，阿桃還有著胸肌跟臂肌，怎麼知道結婚後的現在，肌肉們都偷偷變身成軟趴趴的贅肉，體重也足足增加了 10kg ！

再這樣下去不行，於是我開始減少晚餐的量，卻沒想到阿桃一吃完桌面上的餐，趁我不注意時，偷偷開了冰箱又翻了櫃子……

等到我發現時，才知道他又吃了一包餅乾，一大塊起司，喝了一大杯牛奶等等……

怎麼樣都填補不了他那像無底洞的肚子……

儘管我把零食們藏的天衣無縫，他卻還是可以輕鬆順利的找出它們。

婚前怎麼都不知道，我竟然嫁給了一隻（胖）老鼠……

配菜

彩色豆玉子燒
醬燒唐揚炸雞塊
蜂蜜優格水果

# 小老鼠＆大起司造型

 材料

- 溫熱米飯／1個便當盒量
- 海苔／1枚
- 起司片／半片
- 起司塊／1塊
- 火腿片／1小片
- 紅蘿蔔／1小片
- 日式美乃滋／少量
- 昆布絲／少量
- 調味豆皮／1片（切細絲）
- 生菜／少許

步驟

1. 先留1小撮白飯起來，再將剩餘白飯鋪平在半個便當盒裡，飯上面鋪些許調味豆皮絲。

2. 小老鼠部分：

2-1 步驟1先留起來的1小撮白飯與昆布絲拌勻，用保鮮膜包覆捏出1個小三角形（頭）＋2片偏扁的小圓型（耳朵）後放到豆皮絲的飯上。

2-2 用起司剪出2片小圓（眼睛），1片大橢圓（嘴部），海苔剪出2片小圓（眼睛），1副嘴鼻，貼在剪好的起司片上。

2-3 再用火腿片及紅蘿蔔片，各剪出2片小圓，當作腮紅與耳朵內側，沾取些許美乃滋，將2-2貼到小老鼠的兩頰與兩耳，最後用單枝筷子沾取美乃滋，輕輕的點在眼睛的海苔上，當做小眼珠。

3. 大起司部分：

將起司塊切成三角形，再用起司片剪出數個大小不同的小圓，

隨意貼到三角起司塊上，在小老鼠的旁邊，鋪上1小片生菜，擺上起司塊即可。

## 蜂蜜優格水果 | 份量：2 人份

🍄🍄 材料

- 奇異果／2 顆
- 小番茄／2 顆
- 原味優格／1 大茶匙
- 蜂蜜／適量

🔪 步驟

1. 將奇異果去皮，切成一口大小。
2. 小番茄洗淨，每顆都對切成 4 等份。
3. 將奇異果與番茄放進碗裡，淋上原味優格，再依各人喜好淋上適量蜂蜜。

## 醬燒唐揚炸雞塊 | 份量：2～3 人份

🍄🍄 材料

- 雞腿肉／2 枚
- 蒜泥／1 小茶匙
- 料理酒／1 大茶匙
- 蛋／1 顆
- 低筋麵粉／適量
- 白芝麻／少許

醬汁配料準備：
- ◆ 料理酒／1 大茶匙
- ◆ 味醂／1 大茶匙
- ◆ 醬油／1 大茶匙
- ◆ 砂糖／1 大茶匙
- ◆ 水／1 小茶匙

🔪 步驟

1. 將雞腿肉切成一口大小，連同蒜泥與料理酒一起放進塑膠袋，用手揉拌均勻，靜放 10～20 分鐘待至入味。
2. 蛋打散，加入低筋麵粉拌勻呈濃稠液體，將步驟 1 的雞肉塊取出，表面沾滿後麵粉漿，放進 180 度的熱油鍋裡炸約 2～3 分即起鍋。
3. 將◆記號的醬料倒進碗裡拌勻，等待備用。
4. 在熱好的平底鍋裡，放入步驟 2 的炸雞塊，再倒入步驟 3 的醬料，開中小火慢慢的攪拌炸雞塊，等雞塊表面都被醬汁黏稠包覆後，起鍋擺盤，再撒上芝麻即可。

# 彩色豆玉子燒

份量：2 人份

 材料

- 蛋／4 顆
- 三色豆（紅蘿蔔丁
  ／玉米／青豆）／適
  量

B.
- 砂糖／4 小茶匙
- 日式美乃滋／2 小
  茶匙
- 味醂／1 小茶匙
- 鰹魚露／1 小茶匙
- 鮮奶／1 小茶匙

步驟

1. 在碗裡將蛋打散，再加入材料 B 的調味料拌勻。

2. 平底鍋裡倒入適量的油後，以中火熱鍋，再分多次倒入蛋液，（第一次倒入的量約覆蓋平底鍋面，薄薄的一層），可依照自己的力道，搖轉平底鍋，好讓蛋液流動，舖滿鍋面，並在上面鋪撒些許三色豆。

3. 每次倒入蛋液的量以適中最為剛好，大約 5 秒左右，從平底鍋對向開始，用筷子慢慢朝自己方向捲起，（要注意不要焦掉），捲到最靠近自己方向時，完成第一卷後，再往平底鍋面倒入第二次蛋液，一樣輕微搖轉平底鍋，讓蛋液鋪滿鍋面，等待 2 ～ 5 秒，換用筷子翻煎靠近自己的這條蛋卷，往對向鍋面慢慢捲去。

4. 同樣的方式持續來回，直到蛋液倒完為止，此時玉子燒也越捲越大，完成後關火，先冷卻後再輕輕切開即可。

# 哈姆黃金鼠便當

## ハムスターお弁当

每次看阿桃吃東西，除了那一臉的滿足，還有一個重點，就是他的嘴巴。小小的，尖尖的，因為咀嚼食物而快速震動。

那畫面，在我眼裡看來，就像是圓圓的黃金鼠在快速啃著果實般，鼓鼓的雙頰，尖尖小小的嘴巴，果然真的是阿桃的小動物翻版無誤。（笑）

我台灣的媽媽總是說：「阿桃嘴巴尖尖，一定很愛吃。」

果然薑還是老的辣，一語就道中阿桃貪吃這事實呀！

### 配菜

昆布拌飯糰
超簡易小熱狗太陽花
定番可樂餅

兩隻黃金鼠&昆布球造型

 材料

- 溫熱米飯／2飯碗
- 海苔／1枚
- 火腿片／半片
- 杏仁果／1顆
- 昆布拌飯粉／適量
- 燒肉醬（或醬油）／2～3茶匙

 胎 胎 memo

1. 此時碗裡要留下一些白飯，最後做成黃金鼠們的手與球球。
2. 沒有軟杯也沒關係，只要能固定放好即可。

步驟

1. 將1飯碗的飯利用保鮮膜先捏出1個香菇狀，與1個橢圓狀。（兩隻黃金鼠身體白色的部分）。

2. 步驟1留下的白飯裡先取出兩小撮，捏成黃金鼠（左）的小手，剩下的白飯裡加入適量的昆布拌飯粉（或是其他口味拌飯粉也可以），拌勻後，一樣用保鮮膜捏成4顆圓球狀。

3. 在另1飯碗裡加入2茶匙燒肉醬拌勻後，利用保鮮膜邊捏邊包覆在步驟1（兩隻黃金鼠身體白色的部分），剩下的些許燒肉飯在捏成4個小半圓型（耳朵）與2個小圓（黃金鼠（右）的手）。

4. 準備2個便當用軟杯，將成型的2隻黃金鼠都各放進軟杯裡，再依序黏上耳朵。

5. 表情製作：將海苔用小剪刀剪出4片小橢圓（眼睛），2個倒「3」狀（嘴巴），沾取些許美乃滋當接著固定，貼至飯糰上即可。

6. 腮紅製作：利用火腿片剪出4個小圓與4個小半圓，一樣沾取些許美乃滋當接著固定，貼至飯糰上，小圓貼在雙頰當腮紅，小半圓貼在耳朵。

7. 最後擺上果實與昆布球，再貼上兩隻黃金鼠的小手即可。

## 昆布拌飯糰

份量：4～5 顆

🍄🍄 材料

- 小雞塊／1 塊（或是小塊炸雞都可）
- 白飯／60～80 g
- 昆布拌飯粉／適量

步驟

1. 在白飯裡加入適量的昆布拌飯粉（或是其他口味拌飯粉也可以），拌勻後，一樣用保鮮膜捏成 4～5 顆圓球狀。

2. 將小雞塊切成 2～4 等份，用串籤將小飯糰與雞塊丁串起即可。

胎胎 memo

在這個黃金鼠便當裡，胎胎有拿一顆昆布小飯糰當成黃金鼠的球球。

## 定番可樂餅

份量：8 塊

🍄🍄 材料

- 馬鈴薯／中 4 個（切成細片狀）
- 洋蔥／小 1 個（切成細末）
- 絞肉／80～100g
- 雞蛋／1 顆
- 麵粉／適量
- 油／適量
- 麵包粉／適量

調味料
- 砂糖／3 大匙
- 砂糖／1 小匙
- 料理酒／1 大匙
- 胡椒鹽／少許
- 鰹魚露／30cc

步驟

1. 將馬鈴薯去皮後切成細片狀，在滾沸的水裡煮軟後起鍋，趁還有餘溫時，撒上些許胡椒鹽，以湯匙壓碎成馬鈴薯泥狀後放置。

2. 將洋蔥細末與絞肉一起拌炒，再加入所有調味料炒熟後，即起鍋後與步驟 1 的馬鈴薯泥攪拌混合。

3. 開始整形已經拌好的馬鈴薯肉泥，先平均分至 8 等份，以雙手搓成橢圓狀，再順序裹上麵粉，蛋液，麵包粉，最後再放入 180～190 度的熱油裡炸至金黃色酥皮即可起鍋。

## 超簡易小熱狗太陽花

🍄 🍄 材料

- 小熱狗／1 根
- 蛋黃／1 個
- 義大利麵／半根

✎ 步驟

1. 熱好平底鍋油後，將蛋黃以小火慢煎成 2 片小薄片，熄火起鍋。

2. 將小熱狗對切，在兩邊的平面切口以刀子輕輕劃出「井」字記號。以微波爐 500w 加熱約 5 ～ 8 秒（此時切口會有點擴開）。

3. 將蛋黃薄片對折，再用刀子輕劃幾刀，包覆在小熱狗外圈，並以義大利麵當作固定即可

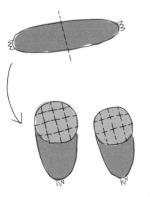

將蛋黃煎成薄片

蛋黃薄片對折
輕劃幾刀

將小熱狗對切
再輕輕切出「井」字記號
放入微波爐

包覆小熱狗
以義大利麵固定

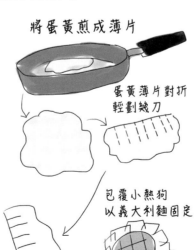

# 喵喵狗狗便當

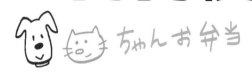

假日傍晚和阿桃一起去散步時，看到一位老婆婆，慢慢走著遛著一隻圓圓胖胖的小狗，奇妙的是，小狗的身後竟然跟著一隻小貓，一樣也是圓圓胖胖（被餵得很營養的小野貓）。

別於貓狗大戰的劇情，這兩隻小狗小貓看起來像是相識很久般的，互相磨蹭，感情很好。

走在他們後面的我們，沒有人開口說任何一句話，卻感受到雙方都將彼此的手牽得更緊，靜靜的，緩緩的，吹著迎面來涼涼的風，慢慢的走回家。

配菜

檸香煎嫩雞柳
奶香菇菇雞肉義大利麵
金黃甜玉米粒

# 狗狗 & 喵喵造型

 材料

- 溫熱米飯／1 便當盒量
- 海苔／2 枚
- 火腿片／1/4 片
- 燒肉醬／適量
- 番茄醬／少量
- 日式美乃滋／少量

 胎 胎 memo

1. 擔心狗頭不好捏的話，可先捏出一個稍扁的圓形，再另外捏出兩個小橢圓當作耳朵，但要注意，記得再捏圓形前，先保留兩隻小耳朵的飯量喔！

2. 喵喵的咖啡色部分，可在整體造型完成後，用手指輕沾些許燒肉醬塗抹在右耳及左臉部位喔！

3. 如果擔心喵喵狗狗的嘴巴與鬍鬚不好剪，可依個人喜好，剪出各種不同的可愛表情唷。

步驟

**狗狗部分：**
將白飯對半分，取一半放在碗裡，淋上適量燒肉醬拌勻（整體呈現淺咖啡色），再分成 3 小等份，1/3 等份以保鮮膜捏出一個小扇形，放置便當盒後，再將剩下的 2/3 等份以保鮮膜捏出一個稍扁的狗頭形狀（嘴鼻部分可以自行調整受否往上捏高一點，鼻子會變立體唷），擺到小扇形上面固定。

**喵喵部分：**
將步驟 1 剩下的那一半的白飯再分成 3 等份，1/3 等份捏出 2 個小三角與 2 個小圓，2/3 等份捏出一顆立體的橢圓，將他們擺放到狗狗的頭上，再貼上 2 隻耳朵與小手。

**表情部分：**
用海苔剪出 4 個小圓（眼睛），還有喵喵狗狗的嘴巴與鬍鬚，還有狗狗的腳腳。再用火腿片剪出 2 小圓（喵喵腮紅），最後用一根筷子沾取番茄醬，慢慢畫圓在狗狗的兩邊臉頰即可。

## 奶香菇菇雞肉義大利麵

### 材料

- 義大利麵（乾）／ 100 ～ 150g
- 雞胸肉／ 80g（切成一口大小）
- 鴻禧菇／ 1 袋
- 洋蔥／ 1/3 顆（切細絲）
- 奶油／約 10g
- 鮮奶／ 25c.c
- 鮮奶油（液態）／ 50g

B.
- 高湯塊／ 1 個
- 胡椒鹽／適量
- 黑胡椒粒／適量

### 步驟

1. 先將義大利麵放入滾水裡煮熟。

2. 等待的時間裡，另熱一平底鍋，放入雞胸肉與奶油以中小火拌炒至雞肉有點金焦黃色時，放入洋蔥絲拌炒軟，再放入鴻禧菇以中小火拌炒至菇變軟時，加入鮮奶攪拌。

3. 義大利麵煮好後，放進步驟 2 的平底鍋，再加入材料 B 的調味料，以長筷子攪拌均勻。

4. 關火後，加入液態鮮奶油，以照個人的濃淡喜好，調整適當的量拌勻即可。

## 檸香煎嫩雞柳

份量：2 人份

🍄 材料

- 雞柳肉／4 小條（先以刀斜劃）
- 檸檬／1 顆或半顆（切片）
- 蒜粉／適量
- 椒鹽粉／適量

🔪 步驟

1. 熱好平底鍋油後，放入雞柳肉以中小火慢煎變肉變白色後，再視情況翻面，正反輪流煎至雞柳肉的表面呈現小焦的金黃色後即可起鍋。

2. 擺到盤上後，撒上適量的蒜粉及椒鹽粉，再擺上檸檬片即可。

胎胎 memo

1. 確認肉是否內部熟透，可用一根筷子試戳看看，或是從刀切的斜面看，是否肉已呈現白色。

2. 食用前，可將裝飾增香的檸檬，擠出汁來淋上再享用也很美味唷！

## 金黃甜玉米粒

份量：1 人份

🍄 材料

- 甜玉米粒（市售玉米粒罐亦可）／1 罐
- 日式美乃滋／適量
- 火腿片／3 片（隨意大小切片）
- 黑胡椒／適量
- 奶油／少許

🔪 步驟

1. 熱好平底鍋後，擠入些許日式美乃滋，再倒入玉米粒以中小火快炒變熱後，放入火腿切片再繼續拌炒。

2. 約炒 2 分鐘後關火，放入少許奶油拌勻即可關火起鍋。

3. 裝盤後再撒上些許黑胡椒即可。

胎胎 memo

因為已用日式美乃滋替代油，整體風味是 OK 的，最後加入奶油可不必太多，只是要讓玉米粒香氣更濃厚而已。

# 先有雞先有蛋便當

 親子お弁当

常聽人家說：「夫妻床頭吵，床尾和。」

剛開始，我很害怕吵架，加上透過日文無法完整表達內心委屈，總是吵到一半就想逃離現場⋯⋯慶幸的是，
阿桃這位日本先生，即使再累再慌，也會耐著性子溝通，直到我們雙方都把話講清楚為止。

兩個來自不同環境的人，每天朝夕相處在一起，會有爭吵，其實並不意外。

吵架時就像兩隻鬥雞，開口很難有好聽話，但卻都不是真心話。

我把鬥雞轉化為兩隻討喜的可愛小雞，就像是先有雞先有蛋這個問題，探討的不再是順序，不能沒有蛋，
也不能沒有雞，答案其實只是簡單的「相存相依」，感謝生命中與我共存，與我作伴的另一隻小雞。

配菜

明太子鰹魚風味義大利麵
涼拌鮪魚花椰沙拉
簡易雞肉串

# 小雞造型

## 材料

- 熱米飯／1個便當盒量
- 海苔／半枚
- 紅蘿蔔片／1小片
- 紅甜椒／1小片
- 鮭魚鬆／適量
- 拌飯粉（香鬆粉）／適量
- 日式美乃滋／少量
- 生菜／2片

胎胎 memo
小雞冠部分，可以直接
將剪好的愛心狀的甜椒
片，稍微插入小雞頭頂
的白飯裡，比較容易固
定唷。

## 步驟

1. 便當盒裡鋪上2片生菜，再將白飯對分成2等份，1等份裝入便當盒裡，稍微壓平（白飯夾層間可鋪些香鬆粉），在飯上撒上些適量鮭魚鬆。

2. 小雞部分：
   將剩餘的1等份白飯，對分成2小等份，用保鮮膜包覆後，捏成偏圓形的三角飯糰狀（飯糰裡頭一樣可包覆香鬆粉或是日式梅乾粉等），再擺到步驟1上。

3. 小雞五官部分：
   用紅甜椒剪出2片小愛心（雞冠），用海苔剪出4片小圓形（眼睛），用紅蘿蔔（切薄片）剪出2片半圓形（嘴巴），用乾淨鑷子夾取，沾取些許美乃滋，貼在小雞頭上與臉上即可。

## 涼拌鮪魚花椰沙拉　　份量：2 人份

🍄🍄 材料

A.
- 花椰菜／120g

B.
- 鮪魚罐頭／1/2 罐
- 日式美乃滋／1～2 大茶匙
- 蟹棒／3 根（絲成條狀）
- 胡椒鹽／適量

🍴 步驟

1. 花椰菜洗淨，切成一口大小。
2. 在滾沸的水裡，放入 1 小撮鹽巴，再放入花椰菜燙熟後，撈起瀝乾。
3. 在鋼盆裡放入材料 B 的調味料，再放入步驟 2 的花椰菜，攪拌均勻，放置冷卻即可。

胎 胎 memo

剩下的鮪魚花椰菜沙拉可放置冷藏保存，隔天也可再使用。

## 簡易雞肉串　　份量：10 串

🍄🍄 材料

- 雞胸肉／2 片
- 胡椒鹽／適量
- 麵包粉／適量
- 竹串籤／10 支

炸衣部分備料：
- 蛋／1 個
- 麵粉／100g
- 牛奶／100c.c.

🍴 步驟

1. 將雞胸肉切成數小條，再用竹籤串起，再撒上適量胡椒鹽，靜置入味。
2. 將「炸衣部分備料」都放進鋼盆裡，攪拌均勻呈現液體狀。
3. 步驟 2 的雞肉串一一沾取步驟 3 的炸衣麵粉糊，再沾滿麵包粉。
4. 放進熱好的油鍋裡，炸至雞肉內部熟透，炸衣表面呈現金黃色後，即可起鍋。

## 明太子鰹魚風味義大利麵 份量：7小等份

 材料

**A.**
- 義大利麵／1束
- 細絲海苔／適量

**B.**
- 明太子／1條
- 鰹魚露／1大茶匙
- 橄欖油／1小茶匙
- 奶油／10g

 步驟

1. 將義大利麵條對折，放進鍋裡煮熟（起鍋時間比義大利麵包裝袋上標示的時間，更提早1分鐘起鍋）。

2. 在耐熱容器裡放入奶油，微波至稍微溶解後，放入材料B的材料並拌勻。

3. 將燙熟的義大利麵放入步驟2裡，攪拌均勻。

4. 再平均分成7小等份，放置冷卻後，冰到冷凍，以備隨時可以使用。

胎 胎 memo

分裝好的小義大利麵放入便當使用前，解凍後再撒上適量的細絲海苔調味裝飾即可。

# 小小熊貓團圓便當

まるまる パンダ お弁当

前一陣子，阿桃總是加班到很晚，連我們兩最期待的「共度晚餐」，都無法順利進行，但因為是工作無法拒絕，而阿桃也是堅持到那麼晚都還在努力著，身為妻子的我，既想全心支持著他，但心裡又盼著他早點回來。

矛盾複雜的情緒，讓我想到做了個熊貓團圓便當給他，期待他可以順利解決工作，早點回來「團圓」共度晚餐，也希望可以讓他在打開便當盒的那瞬間，看到兩隻小熊貓，知道即使是加班到半夜，但絕不是只有他自己一個人，不管多晚多累，都還有我，在全心全意的支持著。

配菜

素蠔油香蔥炒菇菇
甜蜜泡菜火腿
一口炸雞丁

# 小小熊貓造型

## 材料

- 溫熱米飯／2飯碗量
- 海苔／3～4枚
- 起司片／半片
- 火腿片／半片
- 拌飯粉（香鬆粉）／少量
- 日式美乃滋／少量
- 細蘆筍／3支

## 胎胎 memo

用海苔包覆小熊貓的耳朵時，可將海苔稍微沾濕再包覆，會更加快速順手唷！

## 步驟

1. 先將1飯碗的白飯鋪平在便當盒裡（飯中間夾層可撒上些許香鬆粉）。

2. 將另1飯碗的白飯分出8等份，用保鮮膜包覆後，捏出2顆大圓、2顆中橢圓、4顆小圓。

3. 用海苔包覆4顆小圓（耳朵），再剪出8小條鈍角長條，在2個中橢圓分別貼上4條（手與腳），再依2顆大圓（頭）→2顆中橢圓（身體）→4顆小圓（耳朵）的順序放在步驟1的白飯上面。

4. 用海苔剪出4個水滴狀（眼睛），2條細長的嘴巴，並用起司捏出4個更小的水滴狀（眼球），再用火腿片剪出4個小圓，用小鑷子慢慢的夾取，沾美乃滋，依照圖片模樣貼上。

5. 薄薄的削除細蘆筍表皮，稍微燙過起鍋，再斜切出不同長度，最後擺上當裝飾即可。

## 素蠔油香蔥炒菇菇　　份量：2人份

🍄🍄 材料

- 鴻禧菇／1袋
- 細蔥／1束（切成5cm數段）
- 調味豆皮（豆皮壽司用）／2片（切成細絲）
- 乾燥辣椒丁／少量
- 白芝麻／適量
- 素蠔油／1大茶匙
- 油／適量

🍴 步驟

1. 熱好平底鍋後，維持中火倒入適量的油，稍微熱一下，再放入切好的蔥段與鴻禧菇拌炒至變軟。

2. 轉中小火，放入豆皮細絲與辣椒丁，拌炒約1分鐘後，淋上素蠔油並拌勻。

3. 關火起鍋，再撒上適量白芝麻裝飾即可。

## 甜蜜泡菜火腿　　份量：2人份

🍄🍄 材料

- 市售韓式泡菜／1盒
- 火腿片／5片（切成1cm細長條）
- 蜂蜜／2大茶匙

🍴 步驟

1. 熱好平底鍋後，維持中小火放入整盒韓式泡菜（連同醬汁）拌炒。

2. 至泡菜都變熱後，再放入火腿片繼續拌炒。

3. 加入蜂蜜，拌炒均勻即可起鍋。

胎 胎 memo

依照個人口感，可酌量調整蜂蜜。因為阿桃非常怕辣，所以將泡菜炒的甜甜的，讓他比較好下飯。

# 一口炸雞丁

份量：1人份

 材料

- 雞腿肉／300g
- 醬油／適量
- 蒜泥／少量

**炸衣部分備料：**
- 雞蛋／1顆
- 低筋麵粉／150g
- 麵包粉／350g

 步驟

1. 將雞肉去皮，再切成長寬各約3公分的塊狀，浸泡在蒜泥與醬油拌勻的保鮮盒裡，蓋上盒蓋，放置冷藏一個晚上。

2. 隔天將保鮮盒取出，以低筋麵粉→蛋液→麵包粉的順序沾取完全後，再放入以熱好約180～200度的油→鍋裡，炸至麵包粉外表呈現金黃色後起鍋。

胎 胎 memo
因為炸雞丁比較小塊，在炸的過程得多注意時間，避免炸得過焦喔！

# 親子小綿羊便當

ひつじちゃんお弁当

人家說：「嫁出去的女兒，潑出去的水！」

就像當初的我，告別了可愛熟悉的台灣，來到日本，一切就像是充滿神祕的奇幻旅程，到處充滿挫折挑戰，即使再怎麼努力學會獨立堅強，但內心深處卻總是無時無刻地想念著在台灣的家人。

但「當初要嫁過來，是自己的決定，無論好壞都得學會自己承擔。」

這是我與媽媽的承諾。

即使是已嫁做人妻，身為女兒的我，偶爾還是會好想給媽媽抱抱，在她懷裡撒嬌，就像綿羊媽媽抱著小綿羊寶寶，那份溫暖的親情，無可取代。

配菜

蘆筍炒竹輪
日式醬燒肉丸子

# 親子小綿羊造型

##  材料

- 熱米飯／1大飯碗量
- 海苔／1枚
- 火腿片／半片
- 調味豆皮／半片
- 燒肉醬／適量
- 日式美乃滋／少量
- 青椒／1個（對切/再切成細絲）
- 蒜鹽粉／適量
- 奶油／1/2小茶匙

### 胎胎 memo
美乃滋可當作小部位的接著固定劑，這樣即使將便當帶到公司或學校，也不擔心羊角或腮紅會掉落或移動位子唷。

## 步驟

**1 青椒絲草地部分：**
在熱好的平底鍋裡放入奶油，再放入青椒絲拌炒至變軟熟透後，撒上適量的蒜鹽粉拌勻起鍋，放置稍微冷卻，在便當盒裡鋪上一層。

**2 親子綿羊（臉）部分：**
把1大飯碗量的白飯先分成3等份，將其中的1/3等份放入小碗裡，淋上適量燒肉醬，拌勻成淺棕色，再用保鮮膜捏出1大1小的橢圓形（大小綿羊的臉）與5小撮長條（綿羊手腳）。

**3 親子綿羊（組合）部分：**
步驟2剩餘的2/3等份的白飯，用乾淨的雙手，捏出不規則的大小（綿羊身體），鋪放到便當盒裡，再將步驟2捏好的2個橢圓，擺放到綿羊頸部上方，5小撮長條則貼放到綿羊身體上方，最後將剩下的白飯捏到綿羊頭上，稍微出力輕壓包覆。

**4 親子綿羊（五官）部分：**
用火腿片剪出4片小圓，用海苔剪出2大2小的小橢圓（眼睛）及2片圓形，2直條，2個"("形（嘴鼻），用調味豆皮剪出2大2小的螺旋狀（羊角），最後用小鑷子將剪好的部分一一夾取，沾取些許美乃滋，輕貼在圖片擺放的各部位即可。

## 蘆筍炒竹輪　　份量：1 人份

🍄 🍄 材料

- 蘆筍／ 3 ～ 4 支（切 2cm 數段）
- 竹輪／ 2 小支（斜切 2cm 數段）
- 火腿片／ 1 片（切細絲）
- 日式美乃滋／ 1 大茶匙
- 胡椒鹽／適量

🥄 步驟

1. 在熱好的平底鍋裡，倒入些許油，放入切好的蘆筍，以中小火炒至蘆筍變軟。

2. 再放入切好的竹輪與火腿絲，拌炒 30 ～ 40 秒，加入美乃滋與胡椒鹽，拌炒均勻即可起鍋。

## 日式醬燒肉丸子　　份量：4 人份

🍄 🍄 材料

A.
- 碎絞肉（豬）／ 1kg
- 太白粉／適量
- 白芝麻／ 1 大茶匙

B.
- 胡椒鹽／少量
- 醬油／ 1 大茶匙
- 料理酒／ 1 大茶匙
- 薑泥／ 1 大茶匙
- 油／適量

醬汁備料部分：
- 壽喜燒醬／ 50c.c.
- 水／ 50c.c.

🥄 步驟

1. 在鋼盆裡放入碎絞肉與材料 B 的調味料，戴上乾淨手套，用手拌勻。

2. 再平均捏出 50 元硬幣大小的肉球，搓圓後，表面輕裹太白粉，放入約 180 度的熱油裡，炸約 5 分鐘左右起鍋，瀝油。

3. 另外熱好平底鍋後，倒入「醬汁備料」的醬料，以中火攪拌均勻，再放入炸好的肉球，確定每顆肉球都有沾附醬汁後起鍋。

4. 起鍋擺盤後再撒上適量的白芝麻即可。

胎 胎 memo

一次可將做好的肉丸子冷卻後分裝，密封放入冷凍備用，碰上其他便當的日子，就可以直接微波，輕鬆解決配菜的煩惱，做出來的量過多也不必擔心。

# 大紅帽與小野狼便當

赤ずきんとオオカミお弁当

在日本也是有小紅帽與大野狼的故事，但我家卻是「大紅帽與小野狼」，看似粗獷（實際是又嫩又胖）的阿桃，其實骨子裡根本是膽小狼一隻，一點都不可怕！

與故事不同，這個便當是勇敢的大紅帽帶著小野狼，遇上很多討喜可愛的小動物們，一起到森林裡探險。

就像每天的生活當中，我們手牽著手，共同經歷各種相遇與冒險。

配菜

甘甜洋蔥滷牛筋
彩色蛋炒苦瓜

# 大紅帽&小野狼造型

 材料

- 溫熱米飯／1便當盒量
- 海苔／1枚
- 火腿片／1/4片
- 甜椒（紅/黃）／各半顆
- 調味豆皮／1枚
- 燒肉醬（或醬油）／1小茶匙
- 起司片／1片

 胎胎 memo

1. 擔心白飯沒味道的話，可在飯跟飯的夾層裡，撒上一些拌飯粉調味。

2. 如果擔心身體不好剪，可先剪出1個小橢圓，再各自剪出2隻手及2隻腳也可以。

3. 步驟2～3，可用美乃滋當作接著，辛苦剪出的小配件才不會輕易掉落或移位喔。

步驟

1. 將白飯裝進便當盒裡，稍微壓平。

2. 大紅帽部分：先將紅甜椒剪出1個大水滴形狀（頭巾）與2個小三角形（領結），黃甜椒剪出大三角形（洋裝），再將起司片剪出大半圓（臉）與2隻小手。

3. 將步驟2剪好的紅甜椒→黃甜椒→起司依序鋪放在飯上後，再用海苔剪出小雨靴及眼睛後，用火腿片剪出2小圓（腮紅），最後用豆皮剪出2瓣小瀏海，再一併貼上即可。

4. 小野狼部分：將豆皮事先快速浸泡一下醬油（約3～5秒有稍微變深色即可），用小剪刀剪出1個類似長條愛心形狀（狼頭），1個下半身型，2隻小手，1條尾巴。

5. 再用海苔剪出眼睛，火腿片剪出2個小圓當腮紅，紅甜椒剪出2小三角，可當作可愛討喜的小領結。

6. 最後如果甜椒有剩，可以跟胎胎一樣，剪幾個小愛心當作裝飾喲。

## 甘甜洋蔥滷牛筋　　份量：2 人份

 材料

- 牛筋肉／500g（切一口大小）
- 洋蔥／2 顆（切一口大小）
- 碳酸水（無味）250c.c
- 醬油／25c.c
- 砂糖／1 大茶匙
- 料理酒／0.5 大茶匙
- 鰹魚粉／適量

步驟

1. 將牛筋肉放到容器裡，並水洗乾淨，再切成一口大小。

2. 在鍋裡倒入無味碳酸水，再放入牛筋肉與切好的洋蔥，蓋上鍋蓋，以中小火悶燉約 20 ～ 30 分鐘。

3. 打開鍋蓋檢查牛筋肉是否變嫩（可用筷子戳戳看），再加入醬油，砂糖，料理酒等調味料，稍拌一下，並蓋上鍋蓋，以小火再悶燉個 5 ～ 10 分鐘。

4. 最後關火，放置稍微冷卻後即可享用。

胎 胎 memo

若沒有無味的碳酸水，也可用市售的可樂代替，牛筋肉的口感一樣會變軟變嫩，但可能要依照個人口感，調整砂糖量唷。

## 彩色蛋炒苦瓜　　份量：2 人份

材料

- 苦瓜／1 條（對半切細片）
- 蛋／1 顆
- 火腿片／3 片（切細片）
- 甜椒（紅／黃）／各半顆（切細絲）
- 燒肉醬汁／適量

步驟

1. 熱好平底鍋油後，放入苦瓜切片以中火快炒至變軟後，放入火腿切片與甜椒細絲，再繼續拌炒。

2. 約炒 2 分鐘後，將打好的蛋汁倒入，用筷子快速以畫圈方式攪拌打散，最後再淋上燒肉醬汁拌勻即可關火起鍋。

# 海盜船長便當

海賊お弁当

「總有一天，我要帶妳環遊這個世界！」阿桃曾經這麼對我說。
但想也知道他在癡人說夢話，我隨口問了他：「我們家哪來的錢？」
這無憂無慮樂天的日本丈夫竟然回我：「開海盜船去，就不必花到錢啦!!!」
身為妻子的我不禁擔憂，「先生，你忘了那首先要買海盜船的錢該怎麼來？」
不過，
有時，只要對方有那份心意，就算知道是天方夜譚，都還是會暖在心裡，
你們說是嗎？

配菜

蔥爆雞腿肉
水果橘瓣

# 海盜船長造型

## 材料

- 溫熱米飯／1個便當盒量
- 海苔／5～6枚
- 巧達起司片／半片
- 蟹棒（火鍋料那種）／4支
- 拌飯粉（香鬆粉）／適量
- 日式美乃滋／少量
- 黑芝麻／2顆

## 步驟

1. 將白飯鋪平在便當盒裡（可在夾層中撒些拌飯粉）。

2. 海盜船部分：

2-1 用海苔先剪出跟便當盒差不多的弧度（船身），另外剪出2條直槓與1大1小的旗幟，利用白飯的溫度，讓海苔貼在便當盒的飯上。

2-2 用蟹棒的紅色表皮剪出1條大橫槓與2片小旗子，用鑷子夾取，沾取些許美乃滋固定貼上。

2-3 再利用單支筷子沾取些許美乃滋，在船身畫出3個圈，在旗幟上畫出骷顱頭，用鑷子夾取2顆黑芝麻，黏到骷顱頭上當作眼睛。

3. 海盜船部分：

3-1 用巧達起司片剪出1個圓形（海盜頭），2個不規則的小三角形（海盜手），1個小四方形（腰帶扣）。

3-2 用海苔剪出2個小圓（眼睛），2片鬍鬚，1頂帽子，另外剪出1小條橫槓（腰帶），和1個倒立梯形（褲子）與1個小小四方形（腰帶釦）。

3-3 用蟹棒紅色表皮剪出1個大梯形（海盜身體），2個小長方形（袖子）。

以上剪好的食材，皆用鑷子夾取，沾取些許美乃滋固定貼上即可。

## 蔥爆雞腿肉　　份量：2 人份

 材料

- 雞腿排肉／1 大塊
- 燒肉醬／2 大茶匙
- 白蔥／1 大枝（斜切數段）
- 辣椒丁／少許
- 蒜泥（末）／1 小茶匙

 步驟

1. 將雞肉切成 1 口大小。
2. 平底鍋熱好油後，放入蒜泥稍微爆香，放入雞肉，以中火快炒至九分熟時。放入切好蔥段與辣椒丁。
3. 炒熟後，淋上燒肉醬拌炒均勻即可。

# 小嬰兒便當

元気な赤ちゃんお弁当

阿桃説：「媽媽，偶綿今天網散要捧小孩子。」
（媽媽，我們今天晚上要做小孩子「努力『做人』的意思」）
一句發音不標準的破中文卻逗得我媽一臉害羞又停不了大笑。
不用説，當晚，只靠一張嘴的阿桃，連小孩子也還沒捧（做）到，不到十點就去跟睡神相會了哈哈。
其實前陣子，我們都一直以為終於做人成功了，特地計算日子，甚至感到頭暈作嘔，上網查了之後發現很
多人説孕前會有類似狀況，興高采烈的去買了驗孕棒回來，怎麼測試怎麼等待也都只出現一條線……
前前後後失敗沮喪了很多次，不過沒關係，經過這麼多次起伏，我們兩已經調適了心態，會慢慢等最適合
我們的小天使降臨的那天到來～
在那天到來之前，先做個可愛小寶寶便當，滿足我們倆這想當爸媽的願望。

配菜

**蒜香青椒火腿炒**
**簡易三色炒蛋**

# 小嬰兒＆奶瓶造型

## 材料

- 溫熱米飯／１飯碗量
- 海苔／１～２枚
- 火腿片／１片
- 燒肉醬／適量
- 拌飯粉（香鬆粉）／適量
- 日式美乃滋／少量
- 番茄醬／少量
- 食用色素（藍）／少量
- 小熱狗／３～４支

**胎胎 memo**

在用火腿片包住到水滴狀的飯糰後，可用義大利麵條固定火腿片。（取出一根義大利麵，折數小段，插在火腿片的最外層。）因為飯是溫熱的，放置一段時間後，義大利麵就會變軟，所以不必擔心食用方面的安全問題。

## 步驟

1. 將１大飯碗的飯，先分為７（小嬰兒用）：３（奶瓶用）兩等份。

2. 小嬰兒飯糰部分：

2-1 在步驟１（小嬰兒用）的飯裡，加入少量燒肉醬拌勻，在保鮮膜上鋪平，裡頭包些香鬆拌飯粉，再捏成一個長條狀的倒水滴狀，用一整片火腿包覆（像包裹娃娃一樣）後，放入便當盒，（記得留下兩小撮飯，當作小耳朵）。

2-2 海苔剪出三根頭髮與五官，沾美乃滋貼上，最後用一根筷子沾取些許番茄醬，在兩側臉頰畫出小圓（腮紅）即可。

3. 奶瓶飯糰部分：

3-1 將步驟１（奶瓶用）的飯分成三等份，1/3 等份裡加入少量燒肉醬拌勻，用保鮮膜上捏出一座小山狀。

3-2 將 2/3 等份加入少量的食用色素（藍）拌勻後，用保鮮膜捏出一個橢圓形，將兩個合併，擺放到便當盒裡。

3-3 用小熱狗外皮剪出一小段長條形，再用海苔剪出一段細長條與 4 小段長條，沾美乃滋貼上固定即可。

4. 小香腸輕輕劃個幾刀，再稍微微波或煎過，擺到便當盒裡裝飾就完成了。

## 蒜香青椒火腿炒　　份量：2 人份

🍄🍄 材料

• 青椒（中型）／ 3 ～ 4 個（切成寬 0.5cm 左右細絲）
• 竹輪／ 2 支（切成寬 1cm 薄片）
• 蒜頭／ 1 粒（切成碎末）
• 火腿／ 3 片（切成一口大小）
• 油／適量

B.
• 胡椒鹽／適量
• 鰹魚粉／ 1 大茶匙

步驟

1. 將平底鍋熱好後，倒入適量的油，再放入蒜末，以中火爆香，放入青椒絲快炒至呈現稍軟後，加入火腿片與竹輪，繼續拌炒約 1 ～ 2 分。

2. 轉小火，加入材料 B 的調味料，快炒拌勻後即可起鍋。

胎 胎 memo

原本該是肉類得先炒熟，再炒菜類。但因此道料理使用的火腿片及竹輪本身為半熟，因此先炒較硬的青椒。

## 簡易三色炒蛋　　份量：1 ～ 2 人份

🍄🍄 材料

• 蛋／ 3 顆
• 三色豆（玉米粒 / 紅蘿蔔丁 / 青豆）／適量
• 油／適量
• 鰹魚露／ 1 大茶匙
• 胡椒鹽／適量

步驟

1. 將蛋在碗裡打散，加入鰹魚露攪拌均勻。

2. 平底鍋裡倒入適量的油，以中小火熱鍋，放入三色豆拌炒，再倒入步驟 1 的蛋液燒約 5 ～ 8 秒（稍微變固體後）繼續拌炒約 15 秒後，加適量胡椒鹽調味即可起鍋。

胎 胎 memo

依照火候及個人對蛋的熟度喜好，起鍋時間可自行調整唷。

# 男孩愛球球便當

## ボール大好きお弁当

我是個運動白癡，但國中時卻曾因為迷上帥氣球員，而努力練習籃球（雖然是練沒效果的啦）。
轉過頭問了阿桃，最擅長哪種球類？他對我搖搖頭，說出：「最討厭打球了。」這句很不 MAN 的話。
從小對練劍道及柔道情有獨鍾的他，也因為過度練習，拉扯受傷後，停止了身高的成長（是在推卸他自己長不高的責任嗎？），幾乎把所有時間都給了劍道柔道，而讓他對其他球類感到很陌生……
但在我們結婚後，身為廣島人的他，經常帶著我一起去看廣島棒球隊比賽，意外的發現，棒球竟然成為了我們共通的話題之一，甚至是多了個假日增進情感的好去處。

配菜

醬燒炸花枝
九層塔煎熟蛋卷
檸香小炸雞

# 四種球球造型

## 🍄🍄 材料

- 溫熱米飯／1大飯碗量
- 海苔／3～4枚
- 起司片／半片
- 蟹棒（火鍋料那種）／2～3支
- 拌飯粉（香鬆粉）／少量
- 番茄醬／少量
- 燒肉醬／少量
- 日式美乃滋／少量

## ✎ 步驟

1. 先將白飯均分為 4 半份。

2. 籃球部分：
   取 1/4 等份，放入碗裡，加入少量番茄醬拌勻，再以保鮮膜搓圓（裡頭可包起司），放入便當盒裡，用海苔剪出 2 條「（」狀，與 2 條細直條狀，沾取些許美乃滋固定貼上即可。

3. 棒球部分：
   取 1/4 等份，在保鮮膜上鋪平，裡頭包些香鬆拌飯粉，再搓圓放入便當盒，用海苔剪出 2 條「（」狀，再將蟹肉棒的表皮紅色部分取下，切成一小段一小段，用小鑷子慢慢的夾取，沾美乃滋貼到海苔上即可。

4. 橄欖球部分：
   取 1/4 等份，放入碗裡，加入少量燒肉醬拌勻，再以保鮮膜搓圓，放入便當盒裡，用海苔剪出 1 條細直條狀，沾取些許美乃滋固定貼在正中間，再用起司片剪下 2 片寬版長條與數小條細直線，用小鑷子慢慢的夾取，沾美乃滋，依照圖片模樣點上即可。

5. 足球部分：
   取 1/4 等份，在保鮮膜上鋪平，裡頭包些香鬆拌飯粉，再搓圓放入便當盒，用海苔剪出 7 個小六角形與數條超細直線，用小鑷子慢慢的夾取，沾美乃滋貼到海苔上即可。

## 醬燒炸花枝　　　　份量：2 人份

### 材料

- 生花枝（身體部分）／450g（先切成一輪一輪）
- 油／適量

炸衣部分備料：
- 雞蛋／1 顆
- 低筋麵粉／50g
- 太白粉／50g
- 冷水／120ml

醬燒部分配料：
- 酒／70ml
- 水／70ml
- 醬油／70ml
- 砂糖／70g
- 鰹魚粉／1/2 大茶匙
- 太白粉／1/2 大茶匙

### 步驟

1. 將切好的花枝放入滾燙的熱水裡，汆燙 5～10 秒左右，加入些許鹽巴，再燙 10 秒即可，起鍋後快速沖一下冷水降溫。

2. 將降溫後的花枝表面的薄皮去除，再將花枝圈對半切開。

3. 在小鋼盆裡倒進「炸衣部分配料」的粉類，再分次的加入冷水，攪拌均勻後，放入花枝片。

4. 在平底鍋裡倒入醬燒部分配料，並開小火邊攪拌，直至調味料們便的濃稠時，即可關火。

5. 將步驟 3 的花枝，放入以熱好約 180 度的油鍋裡，炸 1 分鐘左右起鍋。

6. 在步驟 4 的平底鍋裡，放入剛炸好的花枝，開小火攪拌約 30 秒後起鍋完成。

胎 胎 memo

1. 步驟 3 的冷水部分，需要分次且慢慢攪拌均勻，再確認花枝片是否上下都有沾浸完全。

2. 步驟 6 時要注意，剛炸好的花枝，是否全部都有沾透醬燒醬料喔！

## 九層塔煎熟蛋卷

份量：1 人份

🍄🍄 材料

・雞蛋／1 顆
・九層塔／3 葉（先撕碎）
・鮮奶／1 小茶匙
・鰹魚露／1 大茶匙
・奶油／適量

步驟

1 熱好平底鍋後，維持中小火放入適量奶油溶解，倒入蛋液後，均勻分鋪九層塔碎末。

2 趁蛋液還呈現半熟狀時，將蛋皮由上往下的慢慢捲起，捲至長條狀後，在以鍋鏟輕壓一下表面定型，即可起鍋。

## 檸香小炸雞

份量：1 人份

🍄🍄 材料

・雞胸肉／300g
・胡椒鹽／適量
・檸檬／半顆（切薄片）

炸衣部分備料：
・雞蛋／1 顆
・低筋麵粉／150g
・麵包粉／350g

步驟→

1 將雞胸肉去皮，再切成長寬各約 5 公分的塊狀，放入保鮮盒裡，交叉疊放，並在鋪好的每層肉塊上，撒上適量的胡椒鹽，淋上少量的醬油，再鋪上適量的檸檬片，蓋上盒蓋，放置冷藏一個晚上。

2 隔天將保鮮盒取出，以低筋麵粉→蛋液→麵包粉的順序沾取完全後，再放入以熱好約 180 ～ 200 度的油鍋裡，炸至麵包粉外表呈現金黃色後起鍋

3 裝盤後可在旁邊放新鮮檸檬，食用時可依照個人喜好，淋上些許檸檬汁，會更爽口唷。

胎胎 memo

步驟 1 將雞胸肉排切成塊狀時，形狀可隨意自由，可切成不規則形，圓形或方形等，只要注意不要切成太大塊，避免內部難熟。

# 日本御守便當

## お守りお弁当

御守便當——守護心愛的人。

前陣子阿桃工作上遇到了很大的麻煩……只是他工作上的問題，是我想幫忙卻也幫不上的。

唯一想到的就是為他親手做一個御守跟繪馬的便當。

但其實當天做便當的心情很複雜，真的很想為他盡點力，他這麼辛苦工作也是為了要讓我們可以過好一點的日子，所以希望御守能夠守護他任何事都化險為夷，並在繪馬上寫下，我會永永遠遠支持他，應援他。

雖然生活不像我們所想的那麼容易，我們卻還是感謝這一切，

因為能有一位想一直守護的人存在，是珍貴的幸福。

### 配菜

肉燥小芋頭
美乃滋烤竹輪
嫩雞親子煮

# 御守&繪馬造型

## 🍄🍄 材料

- 熱米飯／半個餐盒量
- 海苔／1枚
- 生火腿片／1～2片
- 起司片／半片
- 小熱狗／1根
- 拌飯粉（香鬆粉）／適量
- 日式美乃滋／少量
- 彩色拌飯粉（藍）／適量
- 義大利麵／適量

文字部分備料：
- 糯米紙／1張
- 食用色素（黑）／適量
- 透明軟墊／1張
- 乾淨極細水彩筆／1枝
- 保鮮膜／1張
- 乾淨餐巾紙／1張
- 義大利麵／2～3條

 胎胎 memo

1. 糯米紙就是一般牛軋糖外層包覆的透明膜，可食用，碰水會融化，可到食品材料行問問看是否有販售。

2. 剩下的起司或火腿片，可以依照各人喜好做出不同樣式的小花，來裝飾御守。

## 🥄 步驟

1. 白飯盛裝半個便當盒量，稍微壓平（飯與飯的夾層間，可鋪些香鬆粉）。

2. 文字部分作法：
用保鮮膜將透明軟墊表面鋪平包覆，用餐巾紙將軟墊輕輕擦拭後產生靜電，此時趕緊將糯米紙鋪上固定（粗面朝下以防止移動）。用水彩筆沾點色素，在糯米紙上寫出想寫的字及話語。完成時，稍微放至乾燥。

3. 繪馬部分作法：
用豆皮剪出類似房屋的形狀（上面的屋頂狀，可剪出2長條擺上），擺放到便當盒的上方的白飯上。

4. 御守部分作法：
用紅甜椒剪出1個長方形，並剪掉左右上角，呈現6邊形，擺放到便當盒的右下方白飯上。
用起司片剪出1個細長方形，貼在甜椒中間。
義大利麵燙熟，取2～3條，小心綁出1個蝴蝶結（放到御守上方），再取剩下的2～3條，繞出1個圓形（放到步驟3的繪馬上方）。

5. 裝飾部分作法：
將步驟2畫好的糯米紙文字，用小剪刀剪下文字，照圖片位置輕輕貼到繪馬及御守上。用櫻花壓模壓出3片火腿櫻花與2片起司櫻花，1片黃甜椒櫻花。
再用黑芝麻與蟹棒的紅色表皮剪出的數小段長條，用小鑷子慢慢的夾取，沾美乃滋，依照圖片模樣貼到櫻花上。

## 美乃滋烤竹輪

份量：1 人份

 材料

- 竹輪／2 支（對半切）
- 日式美乃滋／適量
- 細切海苔／少量
- 胡椒鹽／少量

步驟

1. 對切好的竹輪，在凹槽裡擠入適量的美乃滋，放入烤箱，以上下兩面烤約 2～3 分鐘（時間可調整），讓表面呈現淡金色。

2. 再撒上海苔絲與胡椒鹽即可。

## 嫩雞親子煮

份量：2 人份

 材料

- 雞腿肉／100g
- 洋蔥／半顆
- 蛋／1 顆
- 海苔絲／少量

B.
- 水／100c.c.
- 鰹魚粉／1/2 小茶匙
- 醬油／1 大茶匙
- 料理酒／1 大茶匙
- 味醂／1 大茶匙

步驟

1. 將雞腿肉切成一口大小，洋蔥切成 5mm 細絲。

2. 在鍋裡放入洋蔥絲與材料 B 的調味料，以中小火稍微煮至洋蔥變軟，再放入雞肉。

3. 雞肉煮熟後，倒入蛋汁，等蛋液稍微固定後稍微攪拌，起鍋裝盤後，再撒上些許海苔絲即可。

## 肉燥小芋頭

 材料

- 小芋頭／8 ～ 10 顆
- 碎絞肉／60g
- 鹽／1 小撮
- 沙拉油／1 大茶匙
- 太白粉／1 大茶匙
- 水／1 大茶匙
- 蔥花／少量

B.
- 醬油／1 大茶匙
- 味醂／1 大茶匙
- 砂糖／1 大茶匙
- 料理酒／1 大茶匙
- 鰹魚粉／1 大茶匙
- 水／2 杯

 步驟

1. 將小芋頭洗淨去皮，放入鋼盆裡，加入 1 小撮鹽，用手仔細搓洗乾淨。

2. 平底鍋裡倒入沙拉油，轉中小火熱油熱鍋，放入絞肉與小芋頭，拌炒至絞肉變色。

3. 在步驟 2 裡加入材料 B 的所有醬料與 2 杯水，蓋上鍋蓋，燜煮至小芋頭變軟（可用單支筷子試戳），再將太白粉與水攪拌均勻，倒入鍋裡，拌成勾芡狀。

4. 最後再撒上些許蔥花即可。

胎 胎 memo

　因小芋頭大小不同會影響到口感鹹度，所以可依各人口感喜好，做醬料比例調整。

# 丸子三兄弟便當

団子3兄弟お弁当

夫妻或情侶之間，能夠一起聊未來，構想將來的幸福藍圖，是一件很甜蜜的事……
但往往在構想到將來生孩子的問題時，阿桃總是毫不考慮的直接說「要生3個」!!!
怕痛的我，光是想到生3個孩子就得痛3次，整個胃就快縮起來…
只是我能理解阿桃的心情，每次跟他一起回去廣島老家，看著他跟弟弟妹妹一起相處玩樂，真的可以感受到他們互相都把彼此看得很重要。
不過，未來要生幾個孩子這種事，是交由命運決定吧！暫時先讓我做個3兄弟便當來好好安撫一下，阿桃那顆想當3位孩子老爸的心吧！

配菜

三椒繽紛玉子燒
芝麻風味唐揚炸雞塊
小青椒南瓜熱狗炒

# 丸子 3 兄弟造型

 材料

- 溫熱米飯／1 便當盒量
- 海苔／2 枚
- 起司片／1 片
- 日式美乃滋／少量

**炸蝦球部分**

A.
- 新鮮蝦仁／200g
- 去邊薄吐司／2 片
- 海苔粉／少量
- 太白粉／1 大茶匙
- 麵包粉／適量
- 番茄醬／1 小茶匙

B.
- 胡椒鹽／適量
- 蛋／1 顆
- 料理酒／1 大茶匙

 胎 胎 memo

在裝白飯時，可依個人
喜好，加入適量的香鬆
粉等等，讓白飯更有味
道。

步驟　蝦球可前一天製作起來

**首先製作蝦球部分**

1. 將蝦仁洗淨、去泥腸，用紙巾吸干多餘水分，再用切成泥狀。

2. 將去邊吐司切成碎丁狀，與步驟 1 的蝦泥一起放入鋼盆裡。

3. 在鋼盆裡加入炸蝦球材料 B，戴上乾淨手套，用雙手攪拌均勻，直到呈現跟耳垂一樣柔軟的泥狀。

4. 將步驟 3 完成的蝦泥分為 2 等份，1 等份加入番茄醬拌勻，另 1 等份加入海苔粉拌勻，之後分別捏出等量大小，再搓成小球狀。

5. 將步驟 4 的小肉球外表沾滿麵包粉，放進約 160 度的熱油鍋，炸約 60 ~ 90 秒，再轉中火炸至外表呈現金黃色並浮起後，撈起瀝油。

6. 將炸好的蝦球對半切，以竹籤串起。

**組裝**

1. 在餐盒裡裝滿適當分量的白飯，稍微輕壓鋪平。

2. 將蝦球步驟 6 完成的竹串蝦球放上，用起司片剪出 8 個小圓，再用海苔剪出微彎的細長條用做不同表情，沾取些許美乃滋貼炸蝦球上做出自己喜歡的五官表情即可。

## 三椒繽紛玉子燒　　份量：2 人分

### 材料

**A.**
- 蛋／ 4 顆
- 甜椒（紅、黃）／
  各半顆（切細丁狀）
- 青椒／半顆
  （切細丁狀）

**B.**
- 砂糖／ 4 小茶匙
- 日式美乃滋／
  2 小茶匙
- 味醂／ 1 小茶匙
- 鰹魚露／ 1 小茶匙
- 鮮奶／ 1 小茶匙

### 步驟

1. 在碗裡將蛋打散，再加入材料 B 拌勻。

2. 平底鍋裡倒入適量的油後，以中火熱鍋，再分多次倒入蛋液，第一次倒入的量約覆蓋平底鍋面，薄薄的一層，可依照自己的力道，搖轉平底鍋，好讓蛋液流動，鋪滿鍋面，並在上面鋪撒些許甜椒丁與青椒丁。

3. 每次倒入蛋液的量以適中最為剛好，大約 5 秒左右，從平底鍋對向開始，用筷子慢慢朝自己方向捲起，（要注意不要焦掉），捲到最靠近自己方向時，完成第一卷後，再往平底鍋面倒入第二次蛋液，一樣輕微搖轉平底鍋，讓蛋液鋪滿鍋面，並在上面鋪撒些許甜椒丁與青椒丁，等待 2～5 秒，換用筷子翻煎靠近自己的這條蛋卷，往對向鍋面慢慢捲去。

4. 同樣的方式持續來回，直到蛋液倒完為止，此時玉子燒也越捲越大，完成後關火，先暫時放置冷卻後再取相同等份，輕輕切開即可。

胎 胎 memo

1. 蛋打得越散，煎起來的玉子燒顏色會越鮮黃越可愛。所以要用筷子慢慢的把透明的蛋白打到消失為止，但要注意，速度千萬不要太快，避免起泡。

2. 因為青椒丁與甜椒丁本身有重量，得避免一次放太多，煎出來比例才會均勻。

3. 用長方形的小平底鍋，會比較好翻捲，煎出來的玉子燒也會比較厚，比較好看唷。

4. 記得玉子燒一定要放置冷卻後再切開，形狀與切面才會好看唷！

## 小青椒南瓜熱狗炒　份量：2 人分

 材料

- 小青椒／1 袋
- 小熱狗／8 根
- 南瓜／半顆
- 燒肉醬／適量

步驟

1. 將小青椒對切去籽後洗淨，濾乾水分。
2. 小熱狗斜面對半切。
3. 南瓜裝入耐熱容器裡，保鮮膜蓋住，以 500W 微波 3 分鐘左右取出。
4. 將南瓜去籽切片，再與青椒，小熱狗一起放入熱好鍋油的平底鍋裡，以中小火拌炒至青椒，南瓜都變軟後，淋上適量的燒肉醬拌勻，即可起鍋。

胎 胎 memo
微波過的南瓜會變得比較軟，可節省炒的時間，也較容易切片去籽，但要注意高溫喔！

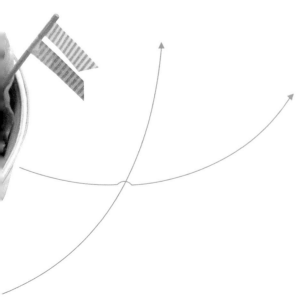

## 芝麻風味唐揚炸雞塊　份量：2～3 人分

材料

A.
- 雞腿肉／2 枚
- 鹽巴／少許
- 蛋／1 顆
- 低筋麵粉／2 大茶匙
- 黑白芝麻／3 大茶匙

B.
- 薑片／3 小片
- 青蔥／1 根（切成數小段）
- 乾燥辣椒／1 條

C.
- 蒜頭／半顆（切成薄片）
- 醬油／1 大茶匙
- 胡椒鹽／1/2 小茶匙

步驟

1. 將雞腿肉均勻塗抹上少量鹽巴，靜放約 10 分鐘後，以清水稍微沖一下，再用紙巾擦乾。
2. 將雞腿肉放入鍋裡，放入材料 B，加入些許的水，開中火並稍微蓋上鍋蓋（留一點小縫），燜煮個 5 分鐘左右，再將雞腿肉翻面，一樣蓋上鍋蓋（留一點小縫），再燜煮 4 分鐘後關火，放置冷卻後起鍋，濾乾多餘水分。
3. 將步驟 2 的雞腿肉，切成一口大小，放入鍋盆裡，再加入材料 C 拌勻，靜置 10 分鐘入味。
4. 把蛋打散，加入低筋麵粉拌勻呈濃稠液體，將步驟 3 的雞肉塊表面沾滿後，再裹上一層薄薄芝麻，放進 180 度的熱油鍋裡，炸約 2～3 分鐘至顏色金黃且熟即可起鍋。

胎 胎 memo
步驟 4 在沾取完麵粉液之後，可選擇些許雞肉不裹芝麻，就可以一次製作原味與芝麻風味兩種唷。

# 飛機飛上天便當

ひこうき ✈ お弁当

在還沒結婚之前，我跟阿桃經歷過一段台日遠距離。

對當時的我們而言，遠距戀愛，是辛苦的。

那時還沒有發達的智慧手機與通訊軟體可以隨時告知對方，自己的心情。

只能講著昂貴的國際電話，然後每次繳帳單時心都痛到不行……

或是透過飛機，載著我們飛往彼此的國家，去到對方身邊。

如今嫁來了日本，飛機反而是裝滿著思念，載著我來往故鄉。

飛機真的對我們意義非凡，把阿桃的便當做成了 Q 版的小飛機，當天晚上下班回來，我們倆聊到了當初遠距離時的種種過去，一切都好懷念，也充滿感謝。

配菜

日式昆布大豆煮
蘿蔔絲煮物
雞肉炒菇菇
草莓起司

# 飛機造型

## 材料

- 溫熱米飯／１大飯碗量
- 海苔／１片
- 拌飯粉（香鬆粉）／少量
- 蟹棒／１支

文字部分備料：
- 糯米紙／１張
- 食用色素（黑／紅）／適量
- 透明軟墊／１張
- 乾淨極細水彩筆／１枝
- 保鮮膜／１張
- 乾淨餐巾紙／１張

## 步驟

1. 先用保鮮膜將白飯捏出飛機造型，放入便當盒正中央，（飛機內部可包些香鬆粉）。

2. 用蟹棒的紅色表皮剪出 2 片鈍角三角形，貼在飛機的尾翼。

3. 英文字作法：
   用保鮮膜將透明軟墊表面鋪平包覆，用餐巾紙將軟墊輕輕擦拭後產生靜電，此時趕緊將糯米紙鋪上固定（粗面朝下以防止移動）。用水彩筆沾點色素，在糯米紙上寫出想寫的字及話語。完成時，稍微放至乾燥再輕撕起來，用小剪刀剪下文字，照圖片位置輕輕貼到左右兩邊的機身上。

4. 用海苔剪出 1 片半圓形（駕駛窗戶），10 個小方型（機身左右兩邊窗戶），再貼到飛機飯糰上。

5. 輕撕 2 條細細的蟹棒表皮，黏到步驟 3 完成的英文字母下方即可。

## 日式昆布大豆煮

份量：2～3 人份

 材料

A.
- 大豆／ 75g
- 昆布／ 10cm

B.
- 料理酒／ 1 大茶匙
- 水／ 200c.c.
- 醬油／ 1.5 大茶匙
- 砂糖／ 2 大茶匙

步驟

1. 將大豆洗淨，浸在水裡一個晚上，隔天將水濾乾。
2. 用乾淨剪刀將昆布剪成數小片四角型。
3. 在鍋裡放入步驟 1 的大豆，步驟 2 的昆布，還有材料 B 的所有調味料，以中火先煮至滾沸，轉小火煮至大豆變軟，再煮至收汁即可。

## 雞肉炒菇菇

份量：2 人份

材料

- 雞胸肉／ 250g
- 鴻禧菇／ 1 袋
- 胡椒鹽／少許
- 奶油／少許
- （素）蠔油／ 2 小匙
- 料理酒／ 2 大匙
- 日式美乃滋／少許
- 黑胡椒／少許

步驟

1. 將雞胸肉切成一口大小，放入平底鍋裡稍微煎炒，再淋上料理酒後，蓋上鍋蓋，以中火煎燜至肉熟透。
2. 打開鍋蓋，放入鴻禧菇、胡椒鹽、奶油，再稍微拌炒至變軟。
3. 轉小火，淋上（素）蠔油與日式美乃滋，拌炒均勻後起鍋。
4. 起鍋裝盤後，再依個人喜好淋上適量黑胡椒粒即可。

## 蘿蔔絲煮物

 材料

- 蘿蔔乾絲（菜脯絲）／ 35g
- 紅蘿蔔／ 20g（切細絲）
- 四季豆／ 20g（切細段）
- 香菇／ 10g（切細絲）

煮汁備料：
- 鰹魚露／ 100ml
- 砂糖／ 1 大茶匙
- 醬油／ 1 大茶匙
- 料理酒／ 1 大茶匙

 步驟

1. 將蘿蔔絲稍微洗過，浸在水裡約 10 分鐘，再將水濾乾，切成 3 ～ 4cm 左右。
2. 在鍋裡倒入些許沙拉油，熱好油後，放入步驟 1 的蘿蔔絲快炒。
3. 再放入紅蘿蔔絲、四季豆、香菇絲一起炒。
4. 將煮汁材料一同放進鍋裡，以中火煮至收汁即可。

## 草莓起司

 材料

- 草莓／ 2 顆
- 起司／ 1 小塊

步驟

1. 將草莓洗淨，各對切成 4 等份。
2. 起司隨意對切成數小等份。
3. 交叉擺放即可。

# 警察車便當
## パトカーお弁当

每次開車，只要路上有警察車經過，阿桃就會很緊張很誇張的，連我們在車裡講話，他都會變得很小聲，彷彿擔心被警察發現一樣。

但重點是，我們什麼壞事都沒做（笑）。

知道警察車是他的弱點後，在某一次大吵的隔天，我做了警車便當，準備給他一個小報復，沒想到當晚回家，他竟然跟我説：「今天的便當好酷！」

可惡！我忘了他就算再怎麼害怕警察，但終究心裡面還是住了個愛車車的小男孩啊～～～

配菜

上田家原味玉子燒

醋豚醬燒肉丸子

# 警察車造型

## 材料

- 溫熱米飯／1便當盒量
- 海苔／數枚
- 火腿片／1/4 片
- 起司片／1 片
- 小熱狗／2 根
- 日式美乃滋／少量
- 生菜／適量

## 步驟

1. 在便當盒裡，鋪上適量生菜，將白飯放在保鮮膜上鋪平，撒上些許拌飯粉，捏出車形，再用海苔包覆飯糰下半部，並放置便當盒。

2. 用起司片剪出 1 個大半圓後再對剪（車窗），及 2 個中圓（輪胎），再用海苔剪出 2 個輪胎部分（圓外圈，2 個小圓，10 小段細長條），1 個大半圓（車窗部分），並沾取些許美乃滋，貼黏到車型飯糰上。

3. 利用英文字壓模，分別壓出「POLICE」文字，沾取些許美乃滋，貼黏到車型飯糰的黑色（海苔）位置。

4. 取微波過的小熱狗頂部，沾取些許美乃滋，貼黏到車型飯糰的頂部（警鈴）。

5. 剩餘的火腿片或起司片，可剪出星星形狀，貼到「POLICE」文字兩側當車燈。

 胎 胎 memo

1. 擔心海苔不好黏貼的話，可先剪好造型後，稍微沾水，變濕後比較容易貼牢唷！

2. 如果沒有英文字壓模的話，也可用乾淨牙籤，直接在起司片上慢慢勾勒出「POLICE」文字，再直接貼到飯糰上即可。

## 醋豚醬燒肉丸子　　份量：4 人份

🍄 🍄 材料

A
- 碎絞肉（豬）／1kg
- 太白粉／適量
- 白芝麻／適量

醋豚醬備料部分：
- 番茄醬／3 大茶匙
- 鰹魚露／3 大茶匙
- 醋／1 大茶匙
- 水／50c.c.

B.
- 胡椒鹽／少量
- 醬油／1 大茶匙
- 料理酒／1 大茶匙
- 薑泥／1 大茶匙
- 油／適量

## 上田家原味玉子燒　　份量：2 人份

🍄 🍄 材料

A
- 蛋／4 顆

B.
- 砂糖／4 小茶匙
- 日式美乃滋／2 小茶匙
- 味醂／1 小茶匙
- 鰹魚露／1 小茶匙
- 鮮奶／1 小茶匙

🍴 步驟

1. 在鋼盆裡放入碎絞肉與材料 B 的調味料，戴上乾淨手套，用手拌勻。

2. 再平均捏出 50 元硬幣大小的肉球，搓圓後，表面輕裹太白粉，放入約 180 度的熱油裡，炸約 5 分鐘左右起鍋。

3. 熱好平底鍋後，倒入「醋豚醬備料」的醬料，以中火攪拌均勻，再放入炸好的肉球，確定每顆肉球都有沾附醬汁後即可起鍋。

4. 鍋擺盤後再撒上適量的白芝麻即可。

🍴 步驟

1. 在碗裡將蛋打散，再加入材料 B 的調味料拌勻。

2. 平底鍋裡倒入適量的油後，以中火熱鍋，再分多次倒入蛋液，（第一次倒入的量約覆蓋平底鍋面，薄薄的一層），可依照自己的力道，搖轉平底鍋，好讓蛋液流動，舖滿鍋面。

3. 記得一次不要倒太多，也不要倒太少，適中最為剛好。大約 5 秒左右，從平底鍋對向開始，用筷子慢慢朝自己方向捲起，（要注意不要焦掉），捲到最靠近自己方向時，完成第一卷後，再往平底鍋面倒入第二次蛋液，一樣輕微搖轉平底鍋，讓蛋液舖滿鍋面，等待 2～5 秒，換用筷子翻煎靠近自己的這條蛋卷，往對向鍋面慢慢捲去。

4. 同樣的方式持續來回，直到蛋液倒完為止，此時玉子燒也越捲越大，完成後關火，先暫時放置冷卻後再取相同等份，輕輕切開即可。

胎 胎 memo

一次可將做好的肉丸子冷卻後分裝，密封放入冷凍備用，碰上其他便當的日子，就可以直接微波，輕鬆解決配菜的煩惱，做出來的量過多也不必擔心。

# 生日蛋糕便當

## 誕生日ケーキお弁当

還記得在我們還沒交往前，阿桃曾經跟我說過，他根本不在乎生日這回事，因為根本沒有人會記得。
聽到這句話的瞬間，我知道，他其實很在意，只是故意裝作堅強。
於是打從我們交往到結婚，我都希望，可以盡所能的為他留下美好回憶。
在今年阿桃生日這天，因為我也得上班，無法為他製作蛋糕，於是在便當裡，偷偷做了一個替代的小蛋糕，
想給他一個驚喜。
看著他下班回來後，那滿足喜悅的表情，我想接下來，還可以陪伴他度過無數個生日，真的是一件幸福的
事。

### 配菜

醬燒原味漢堡排
原味小炸雞

# 生日蛋糕 & 娃娃造型

## 🍄🍄 材料

**娃娃部分備料：**
- 熱米飯／半飯碗量
- 海苔／數枚
- 火腿片／1 片
- 燒肉醬／適量
- 拌飯粉（香鬆粉）／適量
- 日式美乃滋／少量
- 生日蛋糕部分備料：
- 去邊吐司／2 ～ 3 枚
- 水煮蛋／半顆
- 日式美乃滋／少量
- 黑胡椒／少量
- 菓子用裝飾小糖球／適量
- 彩色巧克力米／適量
- 圓形壓模／大中小各 1 個

**其他備料：**
- 脆笛酥／1 根
- 魚漿小香腸／1 根
- 生菜／適量

**胎胎 memo**
步驟 2 將娃娃飯糰放入便當盒前，可先鋪些生菜，娃娃頭的高度才不會跟左邊的蛋糕相差太遠唷。

## ✎ 步驟

**蛋糕部分：**

1-1 將美乃滋與水煮蛋放進同容器裡，用湯匙壓碎並拌勻成蛋沙拉。

1-2 利用圓壓模，在吐司上壓出 6 片圓形，大中小各 2 片，依照（大圓→適量蛋沙拉→大圓→適量蛋沙拉→中圓→適量蛋沙拉→中圓→適量蛋沙拉→小圓→適量蛋沙拉→小圓）的順序往上接著疊高後，放入便當盒裡。

1-3 再用鑷子夾取 菓子用裝飾小糖球，沾一點美乃滋，均勻分布貼在堆疊好的蛋糕上，並撒上些許彩色巧克力米裝飾即可。

**娃娃飯糰部分：**

2-1 在半飯碗的飯裡，加入少量燒肉醬拌勻，在保鮮膜上鋪平，裡頭包些香鬆拌飯粉，再搓圓放入便當盒。

2-2 用 1 枚海苔剪出不規則的鋸齒狀，貼在娃娃額頭當作劉海，再用完整海苔包覆飯糰後方及左右兩側（頭髮完成），並剪出眼嘴鼻，沾美乃滋貼上（五官完成）。

2-3 最後用火腿片剪出 2 小圓，沾取些許美乃滋固定貼在兩側臉頰（腮紅完成）即可。

3 剩餘的火腿片，可放在剩餘的吐司上，捲成圓柱狀，並在吐司末端稍微輕壓固定，再對切即可當作便當裝飾配菜。

4 脆笛酥，魚漿小香腸對半切，在蛋糕與娃娃間插入裝飾。

## 醬燒原味漢堡排　　　份量：2 人份

 材料

漢堡排部分備料：
- 碎絞肉（豬牛皆可）／ 200g
- 洋蔥／ 1 顆（切成碎末）
- 蒜頭／ 1 粒（切成碎末）
- 麵包粉／ 20 ～ 30g
- 鮮奶／ 1 大茶匙
- 蛋／ 1 顆
- 水／ 150ml

醬汁部分備料：
- 番茄醬／ 2 大茶匙
- 糖醋醬／ 1 大茶匙
- 醬油／ 1/2 小茶匙

其他配料：
- 油／適量
- 胡椒鹽／適量
- 日式美乃滋／適量
- 乾淨手套／ 1 雙

 步驟

1. 將平底鍋熱好後，倒入適量的油，再放入洋蔥末與蒜末，以中火拌炒至洋蔥呈現透明後，起鍋並放置室溫冷卻。

2. 在碗裡放入麵包粉，並加入鮮奶浸透。

3. 準備一個鋼盆，放入碎絞肉，與步驟 1 炒好的蔥蒜末，再依序加入步驟 2 的濕麵包粉→蛋後拌勻，再分量捏出數個小圓肉餅。

4. 在已熱好平底鍋裡，擦上一層薄薄的油，並排滿小圓肉餅，以中小火慢煎至上下兩面都呈現微焦狀，並以一根筷子戳看看，確認肉餅中間內部是否熟透。

5. 在平底鍋裡加入水，並蓋上鍋蓋，以中火再煎燜個 3 ～ 5 分鐘。

6. 加入醬汁部分材料，轉小火，再煎個 20 ～ 30 秒後起鍋擺盤後，再淋上適量日式美乃滋即可。

胎 胎 memo

1. 在捏小圓肉餅的部分，可依照個人喜好，捏出不同大小，但要記得以放得進便當盒裡的尺寸為主唷。

2. 要注意，是否所有漢堡排都有沾透醬料喔！

須在前一天準備的料理！

## 原味小炸雞　　　份量：1 ～ 2 人份

 材料

- 雞胸肉／ 300g
- 胡椒鹽／適量
- 蒜頭／ 3 ～ 4 顆（切薄片）

炸衣部分備料：
- 雞蛋／ 1 顆
- 低筋麵粉／ 150g
- 麵包粉／ 350g

 步驟

1. 將已解凍好的雞胸肉去皮，再切成長寬各約 5 公分的塊狀，放入保鮮盒裡，交叉疊放，並在鋪好的每層肉塊上，撒上適量的胡椒鹽，淋上少量的醬油，再均勻鋪上適量的蒜頭切片，蓋上盒蓋，放置冷藏一個晚上。

2. 隔天將保鮮盒取出，以低筋麵粉—> 蛋液—> 麵包粉的順序沾取完全後，再放入以熱好約 180 ～ 200 度的油鍋裡，炸至麵包粉外表呈現金黃色後起鍋。

上田胎胎的

日本風便當

# 日本的便當和台灣便當有什麼不同？

經常遇到許多人問我這個問題？

同樣都愛吃便當的台灣＆日本，到底二國的便當有什麼不同呢？

我想是「溫度」吧！

##  人生中第一個日本便當的印象

剛到日本留學，不適應環境與天氣，加上語言隔閡及想家的壓力之下，心灰意冷的同時，吃到了人生中第一個日本便當。

意外的，沒讓我心暖，只是讓我心寒加倍。因為，拿在手裡的這個便當，雖然配菜與白飯都整齊排放，菜色也像是扮家家酒玩具般的討喜可愛，但殊不知放進嘴裡的那瞬間，不是我這道地台灣人所熟悉的溫熱感，而是冷冷冰冰的……更沒想到，那顆日劇裡常出現的日本梅乾，竟然是又鹹又酸～

##  日本便當要冷冷吃也能美味！

隨著住在日本的時間越來越長，漸漸發現日本便當裡的每道菜色，都有著它們各自的道理。

日本到處都充滿著便利的冷凍微波食品，所以無論是在超市或是超商，所買的便當也都是可以微波加熱，多數人也是跟我們台灣一樣，微波加熱後才食用。只是如果像是我們家這樣，自己做便當再帶到公司或學校的人，在沒有微波爐的情況下（例如：阿桃的公司），他們直接食用的接受度確實比台灣人高。

##  便當裡的所有食材都有道理

不加熱的便當，夏天容易酸壞，冬天容易變硬，該怎麼辦？

此時又鹹又酸的「日式紅酸梅」就發揮它的功效了，在便當裡放入日式梅乾，可抑制敗菌滋長，有著防止食物中毒效果的說法。

我們也常看到日本便當裡常會出現日式漬物，或是即使變冷也依舊不改風味的涼拌菜，甚至有些肉排則是花許多時間與功夫調整做出，稍微變硬也依舊多汁不乾澀的口感。

最後，便當袋也很重要，冬天時可使用保溫便當袋，讓便當恆溫時間拉長，保持風味口感。

# 日式豆皮雙色便當

## 稲荷寿司お弁当

日本超市賣的調味豆皮,甜甜的味道讓大人小孩都大愛,每次只要用來包成豆皮壽司,就可以輕易收買阿桃的心,這次更是給他加料～
有了新變化的豆皮壽司,又多增加了不同的新風味。

### 配菜

雞肉磯邊燒
芝麻風味四季豆
涼拌牛蒡絲

# 日式豆皮雙色壽司

 **材料**

- 溫熱米飯／2大茶碗量
- 調味豆皮／4片
- 調味昆布絲（市售）／適量
- 海苔細絲／適量
- 鮪魚罐頭／1個
- 白芝麻／少量
- 日式美乃滋／適量
- 日式梅乾／1顆（切出2小片）

**步驟**

1. 將白飯塞進4片調味壽司皮裡，再放進餐盒。

2. 鮪魚罐頭加入些許美乃滋，攪拌均勻，蓋在其中2個豆皮壽司上，撒上些許海苔細絲與白芝麻。

3. 昆布絲蓋在另外2個壽司上，擺上梅乾與醃蘿蔔乾。

4. 搭配些許生菜和汆燙過的熟蓮藕作裝飾即可。

**胎胎 memo**

原本豆皮壽司裡面包的是醋飯，但因為上面擺放了鮪魚與昆布絲，怕口味太重鹹，因此胎胎在這邊使用白飯。

## 芝麻風味四季豆　　份量：2 人份

 材料

A.
- 四季豆／ 200g
- 鹽／少量
- 紅蘿蔔／ 1 小片

B
- 白芝麻／ 1 大茶匙
  （可先磨碎）
- 醬油／ 1 大茶匙
- 砂糖／ 1 大茶匙

步驟

1. 將四季豆洗淨，頭尾兩端切除，放入滾沸的水裡，加入少量的鹽汆燙，起鍋後去水放置冷卻，切成約 2cm 數小段。

2. 將材料 B 放入同一容器裡，再放入四季豆攪拌調味均勻。

3. 用楓葉形壓模將 1 小片紅蘿蔔壓出造型，放入小盤子裡，微波加熱約 5 秒取出，擺到四季豆上裝飾即可。

## 涼拌牛蒡絲 份量：2 人份

 材料

A.
- 牛蒡／1 支（切細絲）
- 紅蘿蔔／1 支（切細絲）
- 蒟蒻絲／1 塊（切細絲）
- 白芝麻／1～2 大茶匙

B
- 味醂／3 大茶匙
- 料理酒／4 大茶匙
- 醬酒／3 大茶匙
- 砂糖／1 大茶匙
- 鰹魚粉／1 小茶匙
- 油／2 大茶匙
- 芝麻香油／少量

步驟

1. 在熱好鍋油的平底鍋裡，放入牛蒡絲，以中火先炒一會，放入紅蘿蔔絲拌炒，最後放入蒟蒻絲。

2. 將材料 B 調味料放入同一容器中，攪拌均勻，倒入鍋內拌炒。

3. 炒至稍微收汁，加入芝麻香油，增加香味與色澤，最後加入白芝麻拌勻即可。

## 雞肉磯邊燒 份量：2～3 人份

 材料

- 雞絞肉／250g
- 青豆／60g
- 紅蘿蔔／1/2 根（切細絲）
- 蔥花／1 小把
- 薑泥／1 小茶匙
- 蛋／1 個
- 味噌／2 小茶匙
- 醬油／2 小茶匙
- 太白粉／1 大茶匙
- 鹽／1/2 小茶匙
- 海苔／15～20 枚
- 芝麻香油／適量
- 鹽／1/2 小茶匙

步驟

1. 在鋼盆裡放入所有食材（除了海苔，鹽，芝麻香油之外），用乾淨雙手拌勻，捏出圓扁狀肉泥，再用海苔包覆，約 15 個左右。

2. 熱好的平底鍋裡，倒入芝麻香油，均勻撒上鹽，再將肉餅放下去煎至內部熟透，正反兩面都呈現漂亮的微焦面後起鍋。

# 營養三色便當

三色お弁当

不只顏色繽紛亮麗，每道菜色也都富含著高度營養，三色便當其實很有挑戰性也很好玩，可以依照自己的心情或當日冰箱的食材，做出最屬於自已的特別搭配。

## 配菜

半熟蛋
清燙綠花椰
芝麻炸雞條
咖哩肉春卷

營養三色飯

 材料

**A.**
- 溫熱米飯／1個餐盒量
- 調味豆皮／2片（切細絲）
- 紅蘿蔔／1/4支（去皮切片）
- 結頭菜葉／4～5片

**B.**
- 醬油／1大茶匙
- 鰹魚露／1大茶匙
- 醋／1大茶匙
- 砂糖／1小茶匙
- 乾辣椒丁／少許

步驟

1. 將紅蘿蔔汆燙，起鍋後濾乾，淋上些許鰹魚露放置。

2. 結頭菜葉洗淨後，快速汆燙，起鍋沖冷水，用手擰乾後切碎，放入密封袋裡，再加入B的所有調味醬料（可前一晚先做起來，隔天會更入味）。

3. 在餐盒的白飯上，整齊斜鋪上紅蘿蔔片，調味豆皮絲，結頭菜漬即可。

須在前一天準備的料理！

## 芝麻炸雞條　　份量：2～3人份

### 材料

**A.**
- 雞腿肉／2枚
- 鹽巴／少許
- 蛋／1顆
- 低筋麵粉／2大茶匙
- 黑白芝麻／3大茶匙

**B.**
- 薑片／3小片
- 青蔥／1根（切成數小段）
- 乾燥辣椒／1條

**C.**
- 蒜頭／半顆（切成薄片）
- 醬油／1大茶匙
- 胡椒鹽／1/2小茶匙

### 步驟

1. 將雞腿肉均勻塗抹上少量鹽巴，靜放約10分鐘後，以清水稍微沖一下，再用紙巾擦乾。

2. 將雞腿肉放入鍋裡，放入材料B食材，加入些許的水，開中火並稍微蓋上鍋蓋（留一點小縫），燜煮個5分鐘左右，再將雞腿肉翻面，一樣蓋上鍋蓋（留一點小縫），再燜煮4分鐘後關火，放置冷卻後起鍋，濾乾多餘水分。

3. 將步驟2的雞腿肉，切成長條狀，放入鋼盆裡，再加入材料C調味料拌勻，靜置10分鐘入味。

4. 把蛋打散，加入低筋麵粉拌勻呈濃稠液體，將步驟3的雞肉塊表面沾滿後，再裹上一層薄薄芝麻，放進180度的熱油鍋裡，炸約2～3分即可起鍋。

胎胎 memo

咖哩肉春卷此道請參考 P60 蛋皮狗狗便當作法裡的美味配菜。

## 清燙綠花椰

 材料

- 綠花椰菜／1 大株
- 鰹魚露／適量
- 白芝麻／少量

 步驟

1. 將花椰菜分成數小株，快速汆燙後，淋上適量鰹魚露，撒上白芝麻即可。

## 半熟蛋 份量：1 人份

 材料

- 蛋／1 顆
- 海苔細絲／少量
- 鹽／少量

 步驟

1. 在滾沸的水裡，用大湯勺輕輕放入蛋。
2. 保持大火狀態，煮約 6 分鐘。
3. 起鍋後馬上浸泡到冷水裡，剝除蛋殼後對切，撒上些許鹽和海苔細絲即可。

胎 胎 memo
產生裂痕的蛋，在冷水裡會比較容易去除蛋殼喔！另外，可依個人對蛋黃熟度的喜好，而調整煮蛋時間喔！

# 高纖番薯炊飯便當

## さつまいもご飯お弁当

超市特價買到的番薯，不只可以做成炊飯，
還煎成香香脆脆的薯片，讓吃習慣白米飯的阿桃，
意猶未盡；加上番薯有著豐富的纖維，
不只好吃香甜，更是營養滿點。

### 配菜

醬燒蒜味唐揚炸雞塊
水煮小鳥蛋

 ## 高纖番薯炊飯

### 材料

- 米／2 合
- 紅皮番薯／1 條
- 蜂蜜／1 小茶匙
- 奶油／1 小茶匙
- 醬油／1 小茶匙

### 步驟

1. 番薯洗淨，將頭尾較細的部分切成數小片薄片（煎脆薯片用），其餘番薯削皮後切成數小塊狀。

2. 將米洗淨，水位加到炊飯器（飯鍋）數字 2 的位置，加入蜂蜜、奶油、小番薯塊、醬油，按下開關，開始炊飯。

3. 等待炊飯過程中，將平底鍋熱好，以小火慢煎步驟 1 留下來的薯片，連續重複翻面的動作，煎至變脆，稍微著色後關火，撒上些許鹽。

4. 炊飯完成後，以飯勺輕輕將米飯與番薯拌勻，裝入餐盒內，再擺入薯片裝飾即可。

胎胎 memo
可依照個人喜好調整奶油與醬油的比例。

## 醬燒蒜味唐揚炸雞塊　份量：2～3人份

 材料

| | 醬汁配料： |
|---|---|
| • 雞腿肉／2枚 | • 料理酒／1大茶匙 |
| • 蒜泥／2大茶匙 | • 味醂／1大茶匙 |
| • 料理酒／1大茶匙 | • 醬油／1大茶匙 |
| • 蛋／1顆 | • 砂糖／1大茶匙 |
| • 低筋麵粉／適量 | • 水／1小茶匙 |
| • 碎羅勒／少許 | |

步驟

1. 將雞腿肉切成一口大小，連同蒜泥與料理酒一起放進塑膠袋，用手揉拌均勻，靜放10～20分鐘待至入味。

2. 把蛋打散，加入低筋麵粉拌勻呈濃稠液體，將步驟1的雞肉塊取出，表面沾滿後麵粉漿，放進180度的熱油鍋裡炸約2～3分即可起鍋。

3. 將醬汁配料倒進碗裡拌勻，等待備用。

4. 在熱好的平底鍋裡，放入步驟2的炸雞塊，再倒入步驟3的醬料，開中小火慢慢的攪拌炸雞塊，等雞塊表面都被醬汁黏稠包覆後，起鍋擺盤，再撒上碎羅勒 即可。

## 水煮小鳥蛋　份量：1人份

 材料

• 小鳥蛋／4顆
• 紅蘿蔔丁／1～2小塊
• 玉米粒／1～2小顆
• 鹽／少量

步驟

1. 在滾沸的水裡，加入一點鹽巴，輕輕放入小鳥蛋，煮約3～4分後起鍋，去殼。

2. 紅蘿蔔丁與玉米粒稍微微波約4秒。

3. 用可愛插籤將鳥蛋，紅蘿蔔丁，玉米粒串起並撒上些許鹽巴即可。

# 日式三角飯糰便當

 お弁当

每次做三角飯糰，我就會想到日本古代桃太郎打鬼的童話故事，
那天，因為阿桃在公司面臨了一些困難，所以幫他做了個飯糰便當，
希望他像桃太郎那樣，可以遇到貴人相助，也可以獲得更多勇氣，去面臨挑戰。

配菜

涼拌繽紛豆
簡易小熱狗

#  日式三角飯糰

##  材料

- 溫熱米飯／1 合
- 海苔／2 枚
- 日式梅乾／1 顆
- 碎鮭魚／適量
- 白芝麻／適量
- 黑芝麻／適量
- 紫蘇葉／1 片
- 鹽／適量

## 步驟

1. **事前準備：**

   先將煮熟的米飯分成 3 等份（每等份約 100～110g）。

2. **原味梅乾飯糰：**

   將手稍微沾濕，抓一小撮鹽塗抹於雙手，拿起 110g 的溫熱米飯，以雙手掌心將飯捏緊，再用手指稍微整出三角形，貼上海苔，並在頂部擺入 1 顆梅乾即可。

3. **芝麻紫蘇飯糰：**

   110g 的溫熱米飯與適量黑芝麻拌勻，將手稍微沾濕，抓一小撮鹽塗抹於雙手，以雙手掌心將飯捏緊，再用手指稍微整出三角形，將飯糰的三邊沾滿白芝麻，以紫蘇葉包覆底部即可。

4. **鮭魚風味飯糰：**

   將手稍微沾濕，抓一小撮鹽塗抹於雙手，拿起 110g 的溫熱米飯，在米飯中間放入適量碎鮭魚，以雙手掌心將飯捏緊，再用手指稍微整出三角形，貼上海苔，並在頂部擺上少量碎鮭魚即可。

## 涼拌繽紛豆

份量：2 人份

### 材料

- 乾燥羊栖菜／1 小節
- 綜合豆類罐頭（內含大豆、蜜豆等多種豆類）／約 60g
- 紅蘿蔔／1/4 根（切細丁）
- 和風醬（市售）／適量

### 步驟

1. 將乾燥羊栖菜泡水，等羊栖菜因吸飽水分而膨脹後，去水濾乾。
2. 在滾沸的鍋裡放入紅蘿蔔丁與羊栖菜汆燙，起鍋去水濾乾。
3. 放到碗裡與綜合豆類拌勻，淋上和風醬即可。

**貽貽 memo**

羊栖菜，日文是ひじき，是種在日本家庭經常出現的常備菜，含豐富鐵質和鈣質，台灣可到日系百貨公司地下的日系超市找找。

## 簡易小熱狗

份量：1 人份

### 材料

- 小熱狗／2 根
- 鹽／少量

### 步驟

1. 用刀在小熱狗上劃出許多交叉網狀。
2. 放入熱好鍋油的平底鍋裡，以小火慢煎至網狀表面裂痕明顯後起鍋。
3. 撒上些許鹽調味即可。

**貽貽 memo**

通常市售小熱狗本身就有鹹度，不加鹽也可以。

# 日式燒肉飯糰三明治便當

## おにぎりサンドお弁当

在我家光是吐司的三明治，根本無法填飽阿桃那顆有如無底洞般的肚子。
最近正流行的免捏飯糰主要是利用米飯夾層肉片、蛋與起司而成的飯糰，就像是米飯做成的三明治，讓他
感到新鮮有趣，更有滿滿的飽足感。

### 內餡配菜

**鰹魚風味炒蛋**
**燒肉炒蘆筍**

# 日式燒肉飯糰三明治

## 🍄 材料

- 溫熱米飯／2大茶碗
- 壽司用海苔（大片）／2～3片
- 豬肉片／200g
- 洋蔥／半顆（切細絲）
- 蘆筍／4～6根（切成三段長）
- 起司片／2片
- 萵苣／適量
- 蛋／2個
- 鰹魚露／2小茶匙
- 燒肉醬／2大茶匙

### 胎胎 memo

1. 步驟4保鮮膜包覆後，可稍微輕壓飯糰，調整為四方型。

2. 最後用刀子對切後，融化的起司會沾黏在刀上，因此切完一次，以乾淨紙巾擦過刀面，再切第二刀，飯糰切面會比較乾淨美觀。

## ✎ 步驟

1. **燒肉炒蘆筍：**

   熱好平底鍋油，放入肉片，以中火炒至肉片變色變熟，放入蘆筍快炒，加入燒肉醬拌勻起鍋。

2. **鰹魚風味炒蛋：**

   在打散的蛋液裡加入鰹魚露拌勻，用平底鍋以中小火快速拌炒攪碎後起鍋。

3. 砧版上鋪一層乾淨大張的保鮮膜，再依照：大片海苔>1/2茶碗量米飯（放正中間）>蘆筍>肉片>萵苣>洋蔥絲>起司片>碎蛋>1/2茶碗量米飯的順序一一置放。

4. 將上下左右四邊往內折，再將保鮮膜的四邊往內緊緊包覆，折尾往下置放，利用白飯的熱氣，讓海苔變軟，整個飯糰也會順著保鮮膜包覆成為四方型（第二個做法相同）。

大片海苔正中間鋪上1/2茶碗量米飯。

上下左右四邊往內折

依序鋪上蘆筍>肉片>萵苣>洋蔥絲>起司片>碎蛋

折尾往下置放，從中切一刀即可。

再鋪上1/2茶碗的米飯

完成！

5. 最後，用乾淨刀子連同保鮮膜，從中一刀快速切開即可。

# 檸香梅乾飯糰便當

梅干にぎりお弁当

檸檬的清香，搭配日式梅乾的酸鹹，涼拌小黃瓜與和風汆燙茄子，在炎熱沒有胃口的夏天，這個清爽開胃的便當，再適合不過了。

## 配菜

田樂蒟蒻
星星起司漢堡排
檸香涼拌小黃瓜
和風汆燙茄子
美乃滋竹輪

# 檸香梅乾飯糰

## 材料

- 溫熱米飯／1 合
- 海苔／數枚
- 日式梅乾／數顆
- 檸檬薄片／數小片
- 鹽／少量

## 步驟

1. 在白飯上撒上適量的鹽拌勻，分成 6 等份，每等份用保鮮膜包覆捏出圓柱狀。

2. 用海苔包覆圓柱飯糰的正中間，放入餐盒。

3. 上頭擺放小檸檬片與日式梅乾即可。

## 好吃配菜

### 和風汆燙茄子 　　份量：2 人份

## 材料

- 茄子／2 條（切一口大小）
- 紫蘇／2～3 片（切細絲或細末）
- 和風鰹魚露／適量

## 步驟

1. 將切好的茄子汆燙，去水瀝乾。

2. 放置冷卻後，淋上鰹魚露，撒上紫蘇細絲即可。

## 田樂蒟蒻

### 材料

- 蒟蒻／ 1 塊
- 鹽／適量
- 白芝麻／少量

**田樂味噌備料：**
- 味噌／ 1 又 1/2 大茶匙
- 味醂／ 2 大茶匙
- 砂糖／ 2 小茶匙

**柚子味噌備料：**
- 味噌／ 1/2 大茶匙
- 日本小柚子／ 1 顆（只取黃色表皮部份）
- 蜂蜜／ 1/2 大茶匙

### 步驟

1. **田樂味噌製作**
   耐熱容器內放入田樂味噌備料食材後拌勻，封上保鮮膜，微波加熱 2 分鐘取出，再度拌勻，第二次不封保鮮膜，加熱 30 秒，取出拌至稍微呈現濃稠狀。

2. **柚子味噌製作**
   將日本柚子皮（去除內部白色部分），用滾沸的水燙約 5 分鐘後去水瀝乾，用果汁機絞碎成泥，再與柚子味噌和蜂蜜拌勻即可。

3. 將蒟蒻表面塗滿鹽巴，放至不動，直到蒟蒻表面浮出水分。

4. 在鍋裡加入適量的水，放入步驟 1 的蒟蒻，煮至水滾沸，再繼續煮約 10 分鐘後關火，去水瀝乾後，將蒟蒻切成一口大小，用竹籤串起，淋上味噌，撒上芝麻即可。

## 檸香涼拌小黃瓜

### 材料

**A.**
- 小黃瓜／ 2 根（切薄片）
- 檸檬切片／ 3 小片
- 鹽／少量

**B.**
- 鹽／ 1/4 小茶匙
- 砂糖／ 1 大茶匙
- 醋／ 1/4 小茶匙

### 步驟

1. 小黃瓜切片撒上些許鹽，用手輕揉均勻，放置網籃裡，約 30 分鐘後，將漬水瀝乾。

2. 將步驟 1 的小黃瓜放入保鮮盒，加入材料 B 調味料與檸檬切片拌勻，蓋上保鮮蓋，放入冷藏半天到一天，讓小黃瓜醃漬入味後即可。

**胎胎 memo**
在蒟蒻整塊塗滿鹽的狀態，放入水裡煮，有助於消除蒟蒻的味道，口感也會變得更佳。

## 星星起司漢堡排

份量：2～3 片

🍄🍄 材料

- 碎絞肉／50g（牛，豬，雞都可）
- 洋蔥／1/8 顆（切成蔥末）
- 麵包粉／2 大匙
- 鮮奶／1 大匙
- 起司片／1 片

調味料：
- 椒鹽粉／少許
- 日式美乃滋／少許

✎ 步驟

1. 將絞肉及所有材料與調味料都放入乾淨的鋼盆裡，戴上乾淨手套，將食材拌勻。

2. 把調味拌勻的絞肉分為 2～3 等分，搓圓後稍稍壓平整形。

3. 放至已熱好鍋油的平底鍋，以中小火慢慢煎至肉排兩面稍呈現焦色，再倒入 50cc 左右的水，下去蒸煎至水慢慢不見後，起鍋。

4. 起鍋後，趁漢堡排還有餘溫時，蓋上星星壓模壓出的起司片，撒上些許碎蔥粉或是碎羅勒即可。

胎胎 memo
沒有星星壓模，也可用乾淨小剪刀剪出任何造型唷。

## 美乃滋竹輪

份量：1 人份

🍄🍄 材料

- 竹輪／2～3 支
- 紅蘿蔔／1 小片（切細條）
- 蘆筍／1～2 支
- 日式美乃滋／適量

✎ 步驟

1. 將竹輪，紅蘿蔔與蘆筍快速汆燙，將紅蘿蔔與蘆筍塞進竹輪洞裡，再斜面對切，淋上些許美乃滋即可。

# 鹽鮭蘆筍鳥蛋便當

## アスパラ サーモン お弁当

雖然阿桃不管便當是什麼，都可以輕鬆照吃不誤。但偶爾還是會聽到他碎念，說他想帶帥氣一點的成熟便當。

於是我翻了翻冰箱，剛好有鹽漬銀鮭，又有壽司醋，剛好可以做鮭魚醋飯給這愛哭又愛吃的大小孩滿足一下。加上做法簡單，替主婦省下不少時間與精力，這點倒是該好好感謝阿桃的貼心。

## 配菜

**香烤鹽漬鮭魚**
**水煮鳥蛋**
**鹽味燙蘆筍**

## 鹽漬鮭魚醋飯

🍄🍄 材料

・溫熱米飯／1 大茶碗
・壽司醋／2 又 1/2 小匙

✎ 步驟

1. 將 1 大茶碗熱飯，加入壽司醋後拌勻，放至室溫待涼。

2. 把壽司飯盛入便當盒內，再依序鋪上鮭魚肉，鳥蛋與蘆筍。

胎 胎 memo

壽司醋的量可依個人喜好稍作調整。

## 鹽味燙蘆筍 份量：1～2人份

 材料

- 蘆筍／2根
- 鹽／少許

 步驟

1. 將蘆筍根部切除，並下面部分 1/3 的皮削除。

2. 在滾沸的熱水裡加入些許鹽巴，並將蘆筍放入一起燙熟。

3. 稍微燙過後起鍋，並斜切成一口大小方便實用的長度即可。

## 水煮鳥蛋 份量：2人份

 材料

- 鳥蛋／6顆

步驟

1. 將鳥蛋放入鍋內，並加入水後開火。沸騰後燙約5分鐘。

2. 起鍋後立刻浸泡冷水，讓鳥蛋降溫。

3. 降溫後的鳥蛋，去殼並對半切即可。

## 香烤鹽漬鮭魚

份量：2人份

  材料

- 鹽漬鮭魚／2片

步驟

/ 將鹽漬鮭魚片放入烤箱，以上下火烤熟，
趁魚肉是熱燙時，將肉片壓碎，並將魚皮
細切後拌勻。

胎 胎 memo

魚肉不必壓太細碎，口感較佳，當然如果是給
小孩食用就得壓更細碎。可用平底鍋中小火慢
煎至兩面成稍微金亮面後起鍋。

另外，加入魚皮細絲是幫助魚肉更順口。（可
依個人喜好，選擇加或不加。）

用剩的魚末可等量分開，用保鮮膜包覆好後，
放置冷凍保存。

# 日式小手卷便當

明太子巻きすしお弁当

超市特價搶到的國產明太子，拿來包成小手卷，一口一個剛剛好。
食材簡單不費工，即使是匆匆忙忙的早上，也不必擔心時間來不及，輕鬆搞定。

配菜

繽紛奶香蓮藕
和風菠菜
中華風菇菇

# 日式小手卷

## 材料

- 溫熱米飯／1大茶碗量
- 壽司用海苔／2大片
- 明太子（市售）／適量
- 白芝麻／少量
- 竹輪／2～3支
- 四季豆／2～3支
- 鰹魚露／適量
- 壽司用竹簾／1張

## 步驟

1. 在壽司用竹簾上鋪好保鮮膜，再鋪上海苔，海苔偏下方部分鋪上白飯，再鋪上適量明太子，利用竹簾慢慢將壽司捲起（第二條壽司卷也依此類推）。

2. 將壽司卷均勻切分成數小段，放進餐盒裡，撒上些許白芝麻。

3. 竹輪與四季豆快速汆燙，將四季豆塞進竹輪洞裡，再斜面對切，淋上些許鰹魚露即可。

## 繽紛奶香蓮藕

份量：2 人份

🍄 材料

蓮藕／1 小節
三色豆（紅蘿蔔丁／青豆／玉米粒）／適量
鹽／少量
奶油／1 小茶匙

🥄 步驟

1. 將蓮藕的皮削淨，切成 7mm 寬的薄片，在蓮藕片的空洞與空洞間，用乾淨小剪刀剪出「V」形，將 V 的銳角稍微修飾剪圓，稍微浸泡在醋水裡（醋水比例：水 200c.c. 醋 1 大茶匙），再洗淨瀝乾。

2. 將蓮藕放入耐熱容器裡，加入奶油，蓋上保鮮膜，以 600W 微波加熱 3～5 分鐘，讓奶油完全溶解，蓮藕變軟。

3. 三色豆放入耐熱容器裡，以 500W 微波加熱 30 秒取出，各自塞到蓮藕的孔洞，最後在撒上鹽巴即可。

胎 胎 memo
因蓮藕大小與三色豆數量不一定，可酌量調整微波加熱的時間。

## 和風菠菜

份量：2 人份

🍄 材料

A.
菠菜／1 袋（洗淨切好）
紅蘿蔔／半支（切細絲）
調味豆皮／2 片（切細絲）

B
鰹魚粉／1 大茶匙
醬油／1 小茶匙
味醂／1/2 大茶匙

🥄 步驟

1. 熱好鍋油的平底鍋裡，放入菠菜與紅蘿蔔細絲。

2. 炒至菠菜變軟後，加入調味豆皮與 B 調味料，拌炒均勻後起鍋。

## 中華風菇菇

 材料

杏鮑菇／ 2 ～ 3 支（切一口大小）
香菇／ 10 朵（切絲）
蒜泥／ 1 小茶匙
鰹魚露／ 2 小茶匙
砂糖／ 1 小茶匙
蠔油／ 1 小茶匙
芝麻香油／ 1/2 大茶匙

步驟

1. 將菇類切好，放入耐熱容器，加入所有調味料。

2. 以 600 ～ 700W 微波加熱約 5 分鐘，取出後攪拌均勻，再次微波 5 分鐘即可。

上田胎胎的

特別節日版造型餐

# 萬聖節大餐

## ハロウィン 料理

萬聖節是個讓阿桃又愛又怕的節日。

因為從小沒有接觸這節日的習慣，讓我們比較陌生，但又因為這節日充滿著神秘感，讓我可以隨心所欲的
做一些假鬼假怪的料理，來嚇嚇膽小的阿桃。

誰知道，只要是能塞進肚子裡的，他都沒在怕……

因為一看到這頓料理，他眼睛就是呈現兩片圓形的大披薩狀……

阿桃：「界勾囊瓜放，鬼鬼手，租租網的披薩統統素我的。」

（譯：這個南瓜飯，鬼的手指，蜘蛛網的披薩統統是我的。）

他快速的把萬聖節的鬼怪們都吃到肚子裡去，萬聖節就一點都不可怕了。

大餐

萬聖節鬼鬼披薩
萬聖節手指墨魚麵
萬聖節南瓜起司奶油飯

# 萬聖節鬼鬼披薩

🍄🍄 材料

**披薩皮備料（直徑 18cmx4 張）：**

- 高筋麵粉／ 250g
- 低筋麵粉／ 50g
- 橄欖油／ 1 大茶匙
- 酵母粉／ 5g
- 鹽／ 1/2 小茶匙
- 溫水／ 150g

**披薩醬備料：**

- 番茄罐頭／ 1 罐
- 高湯粉／ 2 小茶匙
- 橄欖油／ 1 大茶匙

**披薩備料：**

- 起司片（一般 / 巧達）／各 2 ～ 3 片（剪出幽靈與南瓜造型數片）
- 青椒／ 1 小顆（切細圈狀）
- 甜椒（紅 / 橘 / 黃）／各 1 小顆（切細圈狀）
- 海苔／數枚（剪出數條細長條）
- 培根／ 1 塊（厚切成數片）
- 九層塔淋醬（市售）／適量
- 碎起司／適量

步驟

## 披薩皮作法：

1. 鋼盆裡放入高筋與低筋麵粉，再放入酵母粉混合。

2. 加入橄欖油與溫水，用手輕輕和勻成麵糰狀。

3. 不斷揉麵糰，再以拋打十次，包覆揉一次的模式，重複進行到麵糰表面平滑為止。

4. 完成後，將麵糰放回鋼盆裡，蓋上濕毛巾，封上保鮮膜，放約 1 ～ 2 小時等待發酵。

5. 將發酵完成後的麵糰取出，用手壓出空氣，並分成 2 等份，再用濕毛巾將麵糰蓋住，放置 20 分鐘。

6. 取一個麵糰製作披薩，另一個可放入鋼盆，在麵糰上鋪上濕毛巾，封上保鮮膜，冰入冷藏可保存三天。

## 披薩醬作法：

1. 將番茄罐頭連同湯汁一併倒入乾淨鋼盆裡，用湯匙將番茄壓碎。

2. 放入高湯粉跟橄欖油拌勻即可。

## 披薩裝飾作法：

1. 將披薩皮的麵糰揉成直徑約 24cm 的圓狀薄皮。

2. 用湯杓舀一匙披薩醬汁，在披薩皮上抹勻（注意量不要過多，適當即可）。

3. 均勻鋪上碎起司，培根片與椒類，放進180 度的烤箱，烤約 7 ～ 8 分鐘。

4. 取出後鋪上海苔蜘蛛網與南瓜，幽靈造型的起司片裝飾。

5. 淋上適量九層塔醬即可。

 胎 胎 memo

1. 披薩烤的時間可因個人與烤箱型號等因素，斟酌調整。

2. 若無九層塔淋醬，也可鋪上碎九層塔替代，風味一樣佳。

3. 剩餘的披薩醬可蓋上保鮮膜，放入冷藏保存 3 天。

# 萬聖節手指墨魚麵

份量：2 人份

## 材料

- 義大利麵／2 人份
- 墨魚腳／約 100g（切一口大小）
- 墨魚醬（市售）／適量
- 洋蔥／半顆（切絲）
- 蒜末／1 小茶匙
- 鹽／少量
- 黑胡椒／少量
- 高湯粉／1 小茶匙
- 橄欖油／3 大茶匙
- 白酒／50c.c.
- 起司粉／適量
- 小熱狗／12～15 根
- 番茄醬／適量

## 步驟

1. 將義大利麵煮好起鍋，小熱狗也在旁用另一個鍋子稍微燙過（注意不要破裂）。

2. 在平底鍋裡熱好橄欖油，放入蒜末爆香，再放入洋蔥快炒。

3. 放入墨魚腳拌炒，加入白酒稍微炒至酒精蒸發，放入黑胡椒，高湯粉，鹽斟酌調整鹹度。

4. 關火，放入墨魚醬拌勻整體食材後，再次開火炒熟。

5. 放入義大利麵和勻起鍋裝盤。

6. 用小刀切除小熱狗頂部正面（指甲部分），在熱狗中間劃幾刀（手指摺痕），並擺放到步驟 5，再淋上適量番茄醬裝飾即可。

# 萬聖節南瓜起司奶油飯

份量：2 人份

### 材料

- 米／2 合
- 南瓜／半顆
- 鰹魚粉／1 大茶匙
- 奶油／1～2 大茶匙
- 起司片／3 片（撕碎）
- 城堡部分備料：
- ▲糯米紙／1 張
- ▲食用色素（黑）／適量
- ▲透明軟墊／1 張
- ▲乾淨極細水彩筆／1 枝
- ▲保鮮膜／1 張
- ▲乾淨餐巾紙／1 張

### 步驟

1. 將南瓜洗淨，放入耐熱容器，蓋上保鮮膜，以 500W 微波加熱約 5 分鐘，用湯匙將南瓜內部取出。

2. 米洗好，放入炊飯器（飯鍋）裡，水量約比飯鍋標示「2」再多一點點，放入步驟 1 與鰹魚粉，按下開關開始炊飯。

3. 等待炊飯時，開始製作城堡部分：用保鮮膜將透明軟墊表面鋪平包覆，用餐巾紙將軟墊輕輕擦拭後產生靜電，此時趕緊將糯米紙鋪上固定（粗面朝下以防止移動）。用水彩筆沾點食用色素，在糯米紙上畫出城堡。完成時，稍微放至乾燥。

4. 等炊飯完後，放入奶油，連同南瓜與飯拌勻，裝一半份量在盤子上稍微鋪平，撒上撕碎的起司片，再將剩餘的另一半份量鋪上，稍微用飯匙整圓，再貼上步驟 3 的糯米紙城堡。

5. 用步驟 1 剩餘的南瓜皮剪出南瓜妖怪，再放上去裝飾即可。

# 聖誕節大餐

## クリスマス料理

今年很難得的阿桃布置了整個桌面，他特地衝去買香精油乾燥花與小蠟燭，還查了網路資料，努力學人家怎麼擺出所謂的羅曼蒂克。

回想起以前剛一起生活時，還住在小小的房間，什麼都沒有。

如今總算搬到了有屬於我們客廳的家，有了自己的聖誕樹，

感謝這一切感謝聖誕老公公。

### 內餡配菜

生菜沙拉聖誕花圈
蜂蜜香烤嫩雞腿
馬鈴薯泥
聖誕小公公 vs 胖雪人

# 生菜沙拉聖誕花圈

份量：3～4 人份

### 材料

- 水菜（或是其他生菜）／適量
- 小番茄／3 顆（各對切成4 小等份）
- 蓮藕片／5 片（先燙過）
- 三色豆／適量
- 生火腿／2 片
- 和風沙拉醬／依個人喜好添加

**馬鈴薯圈備料：**
- 馬鈴薯／3 大顆
- 日式美乃滋／3 大茶匙
- 胡椒鹽／適量

### 步驟

1. 將馬鈴薯洗淨去皮，放入耐熱容器，以600W 微波加熱約3～4 分鐘，變軟後用湯匙將馬鈴薯壓碎。

2. 加入美乃滋與胡椒鹽拌成麵糰狀，滾成長條狀，再繞成圓形。

3. 馬鈴薯圈上鋪滿生菜，再依序放上三色豆，小番茄，蓮藕片等裝飾。

4. 將一片生火腿折成階梯狀，再用另一片生火腿包覆中間固定，放置沙拉圈的正上方，即大功告成。

**胎胎 memo**

可用小剪刀先將蓮藕片剪成雪花造型，會讓整體更有聖誕氣氛。

# 蜂蜜香烤嫩雞腿

份量：3～4 人份

## 材料

- 附骨大雞腿／2 隻
- 醬油／2～3 大茶匙
- 料理酒／1 大茶匙
- 蜂蜜／2 大茶匙
- 胡椒鹽／少量
- 蒜粉／少量

### 胎 胎 memo

1. 中途將雞腿肉反覆翻面數次，能讓肉更入味。

2. 中途打開烤箱，用刷子沾取烤盤上的醬汁，塗抹在雞腿肉的表面，反覆約3～4 次，能讓肉的色澤更美。

## 步驟

1. 將生雞腿肉兩面塗上胡椒鹽與蒜粉醃製，可放置冷藏一個上午讓肉入味。

2. 在容器中，倒入醬油，料理酒，蜂蜜拌勻。

3. 將步驟 2 的調味料均勻淋在已醃製入味的雞腿肉上，兩面皆沾取均勻，再放置 30 分鐘。

4. 在烤盤鋪上鋁箔紙，將醃製好醬汁的雞腿肉放上，剩下的調味料再淋上去。

5. 在 230 度預熱好的烤箱裡，以 210～230 度左右烤 35～40 分鐘。

6. 用竹籤試戳，確認肉的內部熟透，且表面也都呈金黃色即可。

胎 胎 memo

1. 若是馬鈴薯泥太乾，可酌量加入些鮮奶調整。可另外加入適量咖哩粉，做出咖哩風味的馬鈴薯泥也不錯喔！

2. 可沾取些許鮮奶油當作雪人上下半身的上下接著劑。

# 馬鈴薯泥聖誕小公公 vs 胖雪人

份量：1 人份

## 材料

· 馬鈴薯／３大顆
· 日式美乃滋／３大茶匙
· 胡椒鹽／適量

**雪人裝飾備料：**
· 草莓／４～５顆
· 鮮奶油／適量
· 彩色巧克力／適量
· 菓子用造型糖片／適量
· 番茄醬／少量

## 步驟

1. 將馬鈴薯洗淨去皮，放入耐熱容器，以600W微波加熱約3～4分鐘，變軟後用湯匙將馬鈴薯壓碎，再加入美乃滋與胡椒鹽拌成麵糰狀。

2. 將馬鈴薯泥分成數中，小等份後搓圓，再將中等份擺成雪人的下半身，小等份放在中等份上面。

3. 在雪人頭上擠上適量的鮮奶油，將草莓洗淨去蒂，倒立擺放在鮮奶油上，即成為雪人的帽子，另外將鮮奶油擠在雪人嘴部，當作鬍子。

4. 最後再用彩色巧克力或菓子用造型糖片，裝飾成雪人五官即可。

# Chapter 3

## 日本婆婆傳授 上田家餐桌家常菜

走入上田家廚房，

食材全是容易採購的蔬果肉品，

除了節慶料理外，

端上桌的是看來簡單質樸，吃來卻很親切可口，

這就是有媽媽味道的上田家常菜，

希望你們也會喜歡。

剛結婚時，常常因為抓不到阿桃的味口，而經常感到很挫折，但很慶幸自己嫁到一個很棒的婆家，有著把我當自家女兒疼惜的婆婆，每當回廣島老家時，跟在婆婆身邊，總是可以學到許多，那口感，那味道，都是屬於上田家的，也因為這樣，漸漸的，我做出的料理，讓阿桃接受度越來越高，我也更有成就感了。

# 阿桃卡桑推薦好用調味料

 ## 柚子胡椒

是種將日本柚子皮，加入唐辛子與鹽磨碎成泥狀的調味料。
上田家常用於生魚片、炸天婦羅，或是烤雞肉串的配味。
但要特別注意，不要沾取太多，會過鹹或過辣。

 ## 芝麻沙拉醬

可當一般生菜沙拉醬之外，因有著濃厚的芝麻香，卡桑也
常拿來拌炒青菜，獨特芝麻口感搭配青菜，不只調理方便，也
很下飯。

 ## 洋蔥泥沙拉醬

和風口感的淋醬，裡面有著洋蔥泥，清爽無負擔的口感，
是上田家吃生菜沙拉時必備良伴。

**濃縮昆布鰹魚露**

常用來沾取日本素麵或是蕎麥麵，或是料理日式煮物。

市面上有賣濃縮與非濃縮，卡桑都買濃縮的，可稀釋，也可用比較久。

 **鰹魚白高湯**

製作親子丼或豬排丼、茶碗蒸、味噌湯時，加入鰹魚高湯，味道口感馬上到位，幾乎是日本家庭最不可缺少的調味主角。

 **椒鹽粉**

調味的使用方式與台灣相同，特別是搭配炸物，更是替味道加分。

# 女兒節的散壽司料理

ちらし寿司

阿桃卡桑說

「日本的女兒節（ひな祭り）除了我們電視常看到的，會擺出許多和服娃娃以外，主要是祈求家中的小女孩可以平安健康長大。」

在女兒節當天，最不可少的就是散壽司（散らし寿司）。

裡頭的象徵食材也非常有趣，像是大蝦仁代表著長壽之意，意味著年長者即使身體隨著年紀增長而相似蝦仁熟透蜷曲的樣子，也依舊可以很健康。

蓮藕則是因為有著許多孔洞，而意味著有先見之明等許多意義見解。

因此在女兒節這喜慶的節日，許多日本人認為食用這意義非凡的料理，是可以帶來好緣好運的。

不過因為近代越來越多人會依照個人與家庭的喜好，所加進去的食材也有多樣選擇而變得更多樣化囉！

 材料

**壽司米備料：**
- 米／2 合
- 清酒／1 小杯
- 昆布／1 小片
- 砂糖／1 大茶匙
- 壽司醋／60c.c
- 鹽／1/2 小茶匙

**裝飾食材備料：**
- 綠花椰菜／1/4 株
- 大蝦仁／10 隻
- 紅蘿蔔／1/2 支

**蛋皮細絲備料：**
- 蛋／2 顆
- 鰹魚露／1/2 小茶匙

**藕入味煮備料：**
A
- 蓮藕／1/3 小節
B
- 醋／3 大茶匙
- 砂糖／2 大茶匙
- 水／3 大茶匙
- 鰹魚粉／1 大茶匙
- 鹽／少許

**香菇入味煮備料：**
- 乾香菇／4～5 朵
- 香菇浸泡水／200c.c.
- 鰹魚粉／1 大茶匙
- 醬油／1 大茶匙
- 砂糖／1 大茶匙

**其他備料：**
- 海苔細絲／適量
- 櫻色魚鬆（桜でんぶ）／適量

## 步驟

**裝飾食材準備：**

1. 將米洗好，放入炊飯器（電子鍋）裡，裝好水量，放入昆布與倒入清酒，按下開關開始炊飯。

**在等待米飯熟透的過程中，先做裝飾食材準備：**

◎綠花椰菜：切成數小株，汆燙過後放置冷卻。

◎大蝦仁：去頭去殼去腸泥，橫面對半切，汆燙熟透起鍋，放置冷卻。

◎紅蘿蔔：將紅蘿蔔去皮切細絲，汆燙過後放置冷卻。

◎蓮藕：切細片後再對切，在滾沸的鍋裡，加入些許醋汆燙，起鍋後放入B記號的調味料裡醃製（B記號的調味料得事先混合拌勻），放置冷卻。

◎香菇：先將乾香菇浸泡吸水變軟後，在鍋裡放入香菇浸泡水與香菇，煮至滾沸，加入砂糖煮約5分鐘（小火），再加入醬油與鰹魚粉，蓋上鍋蓋，煮至收汁，煮好後，將入味香菇切成細絲，放置冷卻。

◎蛋：將蛋打散，加入鰹魚粉拌勻，用平底鍋煎出蛋皮，再切成細絲。

2. 將熱騰騰的白飯裝到大竹盆裡，加入砂糖，壽司醋，鹽。

3. 一手快速攪拌均勻，一手拿扇子快速搧風。

4. 放入蓮藕、香菇、紅蘿蔔絲，與飯攪拌均勻。

5. 最後均勻擺上蛋絲、綠花椰菜、蝦仁，撒上櫻色魚鬆與海苔細絲即可。

胎 胎 memo

1. 步驟3拿扇子在一旁搧風的主要目的是：快速搧乾米飯的熱氣與水分，避免飯變得太濕黏，另外將飯搧涼，也可避免醋味太刺鼻。

2. 櫻色魚鬆（でんぶ）大多是將魚肉去皮骨後，榨乾水氣並烘培過後，磨碎成鬆粉狀，再經調味與調色而製成的，是日本散壽司料理經常出現的一種食材，討喜的櫻花色，經常讓料理色澤大增。

# 日式賞花便當

お花見弁当

胎胎說

每年四月左右是日本櫻花盛開的季節。

由於花期不長，大家就會把握機會，與家人朋友一起製作一些料理，在櫻花樹下欣賞櫻花盛開與隨風飄落的美景。

賞花這個活動，源起於古代日本平安時代的貴族們，因一邊看著櫻花，一邊吟詩而漸漸延續到平民老百姓間，農民間則是準備豐盛料理，在每年盛開的櫻花樹下享用，祈願那一整年都可以豐收。

話說，每年的四月開始，家裡附近的公園就開始有許多人，拿著大張野餐墊去櫻花樹下占位子，果然真的跟我小時候看的卡通裡一模一樣。

# 日式賞花主食

份量：3～4 人份

🍄 🍄 材料

## 日式花壽司飯

- 料理酒／大 1 匙
- 壽司醋／大 5~6 匙
- 紅蘿蔔絲（約 5mm）／
  1/2 根
- 香菇絲／6 朵
- 蓮藕片（燙過後對切）／
  1 節
- 蛋／1 顆
- 熟蝦仁／4~5 隻
- 海苔絲／適量
- 四季豆莢／適量
- 造型魚板／3~4 片

## 酪梨鮮蝦豆皮壽司

- 調味豆皮／7 枚
- 酪梨（切丁）／半顆
- 蝦仁（燙熟切丁）／8～
  10 隻
- 日式美乃滋／適量

🔪 步驟

### 日式酪梨鮮蝦豆皮壽司作法：

1-1 首先將香菇，油豆皮與紅蘿蔔切成細絲後，與醬油、砂糖、水一起煮到收汁。

1-2 再將 2 杯米的白飯放到大鋼盆裡，放入壽司調味料及剛煮好的食材下去拌勻備用。

1-3 將拌好的壽司飯包進調味豆皮裡（塞約八分滿），擠上適量美乃滋，擺上酪梨丁及燙過的蝦仁即可。（食用前也可依個人口感選擇淋上些醬油）。

### 日式蝦仁花壽司作法：

2-1 將拌好的壽司飯鋪滿右半部的大餐盒，再鋪上煎好切細的蛋絲（用平底鍋煎出薄薄一片蛋黃薄片，再切成細絲）。

2-2 鋪上海苔細絲，以及燙過的蓮藕（對切半）、蝦仁、造型魚板、豆莢即可。

# 賞花配菜

份量：3～4 人份

🍄 🍄 材料

**鮮檸烤嫩雞腿**
- 小雞腿／6 支
- 檸檬／半顆
- 醬油／大 5 匙
- 蜂蜜／大 3 匙
- 羅勒碎末／適量

**雙色玉子燒**
- 蛋／5 顆
- 鮭魚細末／適量
- 高麗菜細絲／適量
- 味醂／大 2 匙
- 濃縮鰹魚露／大 2 匙

**梅乾紫蘇漬物**
- 小黃瓜（切約 5mm 細長狀）／2 條
- 梅乾紫蘇／適量

**白蘿蔔漬物**
- 白蘿蔔切片／1/2 根
- 醬油／1 小杯
- 醋／1/2 小杯
- 砂糖／150g
- 辣椒干／1~2 根

**醬燒豆腐排**
- 嫩豆腐／2 片
- 燒肉醬／適量

**碎牛肉馬鈴薯炸排**
- 馬鈴薯／中小 6 顆
- 洋蔥丁／半顆
- 碎絞肉／80~100g
- 醬油／大 2 匙
- 砂糖／大 1 匙
- 胡椒鹽／少量
- 麵包粉／適量
- 低筋麵粉／適量
- 蛋／一顆

**蜜汁嫩雞塊**
A.
- 雞腿肉（切一口大小）／300g
- 鹽、胡椒／適量
- 低筋麵粉／大 1 匙
B
- 醬油／大 2 匙
- 料理酒／大 2 匙
- 砂糖／大 2 匙
- 水／小 2 匙

**鮮檸烤嫩雞腿作法：**

將解凍好的小雞腿用叉子刺一刺會比較容易熟透，在烤盤上鋪好鋁箔紙後將小雞腿依序交叉放好，擠上檸檬汁（檸檬片可放著一起烤），烤約 10 分鐘後淋上拌勻的調味料後，再烤個 15 分鐘即可拿出，灑上芝麻或是羅勒葉即可。

**雙色玉子燒作法：**

將五顆蛋打在同一個容器裡，加入調味料後，再將蛋液分半，一半加入適量的碎鮭魚，一半加入高麗菜絲，再依序分批下去煎成蛋卷即可（玉子燒卷法可參考造型便當 - 警車篇）。

**梅乾紫蘇漬物作法：** 將梅乾紫蘇與切好的小黃瓜放進保鮮盒裡醃漬一晚即可。

**白蘿蔔漬物作法：** 將調味料與辣椒乾一起煮沸後，淋在切好的蘿蔔片上，在統一放進保鮮盒裡，等冷卻後，放入冷藏一晚後即可享用。

**燒肉醬燒嫩豆腐排作法：** 熱好鍋油的平底鍋上放入兩塊嫩豆腐，煎至稍微焦面時再淋上日式燒肉醬汁，慢慢翻面煎至收汁即可起鍋。

**碎牛肉馬鈴薯炸排作法：**

6-1 將馬鈴薯去皮後切成一口大小，放入微波容器裡 500W 約 10 分鐘取出壓碎。（可用筷子穿刺測試，全穿透的話即可）。

6-2 等待馬鈴薯的過程中可將碎絞肉與洋蔥丁拌炒變色後，加入調味料，再加入碎馬鈴薯一起拌炒，途中可加入適量胡椒鹽。

6-3 炒熟後待稍微冷卻時即可用手搓捏成一樣大小的橢圓再燒微壓平（約 6 個），裹上麵粉 > 蛋液 > 麵包粉後，以高溫 200 度的熱油炸成金黃色的即可。

**蜜汁嫩雞塊作法：**

將切好的雞肉放入塑膠袋內，加入鹽，胡椒，低筋麵粉後，隔袋搓揉均勻。 在鍋裡放入材料 B 調味後煮沸關火。將塑膠袋裡的雞肉油炸熟透後，放入煮沸過的材料 B 鍋裡浸至冷卻入味後即可裝盤享用！

# 賞花配菜

份量：3～4人份

 材料

### 花見糰子串：
- 白玉粉（糯米粉）／ 120 g
- 絹豆腐／ 120 g
- 砂糖／大 3 匙
- 食用色素（紅）／少量
- 抹茶粉／少量

### 水果：
- 鳳梨、奇異果、草莓適量

步驟

花見糰子串作法：

將豆腐與白玉粉一起捏碎捏勻後分成三等份。其中的兩等份分別加入適量的紅色素與抹茶粉捏勻。之後像搓湯圓般的搓成一顆一顆的，再放到沸水中煮熟撈起，待冷卻後即可串成團子串。

鳳梨、奇異果削去外皮後，切厚片狀，草莓對切，依個人喜好排入便當盒中。

# 日本新年料理

 おせち料理

**胎胎說**
說到日本新年，最不可缺的就是那大盒大箱的豪華料理了。
雖然製作費時又費工，但每道料理幾乎都有著各自代表的含意喔。
這次跟卡桑一起做的是比較基本定番款，口味標準也是依照上田家所習慣的口感比例下去製作，與大家分享。

**阿桃卡桑說**
おせち料理有著古代日本人，因為感謝大自然與神的恩惠，讓他們作物豐饒，而做來供奉用的節供料理，也有著家內安全，子孫繁榮，作物豐收等祈願之意。
如此豪華與量多的料理，還有一個有趣的傳說，古代女子每天辛苦忙於家事與料理，為了讓他們能夠在正月三日間好好休息，也為了不要騷動廚房而打擾到新年迎來的神。
只是隨著地區與家庭習慣不同，料理的食材也有許多變化，甚至演變至求效率與省時的現今，在外面店家訂購也都是習以為常之事。

171

## 裝箱擺盤都有意思的喔！

看似簡單的裝箱擺盤也有著許多含意，「重箱」是用來裝這些料理的精緻盒子的名稱。

阿桃卡桑說：

重箱裝的新年料理，正式來說是四層，也有五層。且在古代時，每層都有規定各自擺放的食材與方式，但因為地區與家庭習慣，漸漸的也變得自由化，像上田家就只有兩層，擺法也比較隨性。

# 新年料理重箱第一層

份量：3～4人份

## 香煎蝦仁

象徵意義

　　大蝦仁代表著長壽之意，意味著年長者即使身體隨著年紀增長而相似蝦仁熟透蜷曲的樣子，也依舊可以很健康。

## 照燒青甘鰺

象徵意義

　　青甘鰺是種隨著體型成長變大，名字也會跟著改變的一種特殊魚類。

　　在日本也被稱作「出世魚」；「出世」在日文裡意味著出人頭地，此料理也有著祈求出人頭地，成功之意。

## 和風煮物

象徵意義

　　和風煮物是以根菜類為中心，並搭配當季的野菜一起煮出的一道綜合料理，代表著家族感情良好，力量團結。

　　且有趣的是，食材們各自有著不同含意：「小芋頭」有著祈求健康小寶寶之意；「香菇」意味著元氣健壯；「編結蒟蒻」意味著結好緣；「蓮藕」因為有著許多洞孔意味著有先見之明；「牛蒡」代表細長永久幸福；「昆布卷」也有著不老長生之意。

## 照燒青甘鰺　

 材料

- 青甘鰺／4 塊
- 油／1 大茶匙
- 麵粉／適量
- 鹽／適量

調味料：
- 醬油／50c.c.
- 砂糖／2 大茶匙
- 味酥／2 大茶匙
- 料理酒／2 大茶匙

步驟

1. 將青甘鰺的表面塗滿薄薄的鹽，用餐巾紙將水氣擦乾，先除腥味。

2. 青甘鰺表面沾取薄薄的麵粉，放入熱好鍋油的平底鍋，連續翻面輪流煎至魚的表面呈微焦金黃色。

3. 加入調味料，裹滿魚的表面，一樣連續翻面（注意火侯避免烤焦），煎煮至收汁即可。

## 香煎蝦仁　份量：2～3 人份

材料

- 大蝦仁／5～6 尾
- 鹽／少許

步驟

1. 在熱好鍋油的平底鍋內，放入蝦仁，撒上些許鹽巴，以小火慢煎至熟透，蝦仁彎曲即可。

# 和風煮物　份量：2～3人份

 材料

- 蓮藕／約 10cm
- 牛蒡／半支
- 小芋頭／8 個
- 乾香菇／5～6 朵
- 昆布卷（市售）／5～6 個
- 蒟蒻／1 塊
- 昆布片／5cm x 5cm
- 柴魚片／1 把

調味料：

- 香菇浸泡水／400c.c.
- 昆布鰹魚露（濃縮）／2 大茶匙
- 砂糖／1 大茶匙
- 醬油／1 大茶匙
- 味醂／1 大茶匙
- 料理酒／1 大茶匙

### 步驟

1. 蓮藕：將皮削淨，切成 7mm 寬的薄片，在蓮藕片的空洞與空洞間，
   用乾淨小剪刀剪出「V」形，將 V 的銳角稍微修飾剪圓，浸泡
   在醋水裡（醋水比例：水 400c.c. 醋 1 大茶匙）。

2. 牛蒡：用刀背將皮削淨，斜切成數片，浸泡在水裡。

3. 小芋頭：將皮削淨（可戴上手套，避免手過敏發癢），汆燙 5 分鐘。

4. 乾香菇：前一晚浸泡在水裡，香菇水得留下備用。

5. 蒟蒻：將大塊蒟蒻切成 7mm 寬的數小片，數小片的中間各自用刀劃
   出約 1.5cm 的「一」痕（注意勿劃斷），將蒟蒻片的尾部往
   割痕裡塞成編結狀，再汆燙 5 分鐘後起鍋（能去除蒟蒻怪味
   與料理更易入味）。

6. 將香菇浸泡水倒進鍋裡，依序在鍋裡放入牛蒡 > 蓮藕 > 蒟蒻 > 小芋
   頭 > 香菇煮 > 昆布卷，煮至滾沸後再煮 5 分鐘。

7. 加入昆布鰹魚露煮至稍微入味，再加入調味料（這部分可依個人口
   感，做比例調整），煮至食材變軟變熟入味後即可關火。

# 新年料理重箱第二層

份量：3～4人份

## 和風甜栗丸

象徵意義

　　金黃色的栗子，與甜番薯泥做成的和菓子，似於閃爍金光的財寶，也有著祈求豐饒與勝利之意。

## 田作魚乾

象徵意義

　　古代日本，曾使過沙丁魚乾當作種田的肥料，因此有著祈求五穀豐收之意，也因此有了「田作り」之稱。

## 鹽漬鯡魚子

象徵意義

　　鯡魚卵的數量很多，有著祈求五穀豐收與子孫繁榮之意。

## 牛肉八幡卷

象徵意義

　　原本這道料理裡頭是包牛蒡與紅蘿蔔，因上田家習慣與喜好，選擇了用四季豆代替。日本人使用牛蒡是因為，牛蒡外表細長，根部四處延伸，象徵著開運緣起之意，而產地名稱作八幡，因此有了牛肉八幡卷之稱。

## 紅白花蛋

象徵意義

紅色有除魔之意，白色象徵純淨，紅白兩色搭配，意味著會有好緣好運之意。

## 甘味海老

象徵意義

我們常看見的「海老」，日文裡其實就是，蝦子的意思。

在此蝦子代表著長壽之意，意味著年長者即使身體隨著年紀增長而相似蝦仁熟透蜷曲的樣子，也依舊可以很健康，另外還有因為蝦子得剝殼，暗喻著重生或是出人頭地之意。

## 甘味黑豆煮

象徵意義

在日本道教認為，黑色是可以避邪的顏色。

同時也意味祈求著，長壽健康，無病無災，能夠元氣勞動之意。

## 紅白蘿蔔漬

象徵意義

蘿蔔的紅白兩色與細絲造型，相似於日本婚喪喜慶的紅白包上，裝飾用的紅白細繩結；意味著好事和值得慶祝之意。

## 和風甜栗丸　　份量：2～3 人份

### 材料

- 紅皮番薯／ 300g（去皮切成一口大小）
- 甜栗子罐頭／ 1 罐
- 砂糖／ 1 大茶匙
- 鹽／少許
- 抹茶粉／適量

### 步驟

1. 將番薯塊放入鍋裡，加入水與鹽，煮至番薯變軟（約 10 分鐘），關火後瀝乾水分。

2. 將番薯放入果汁機，加入栗子罐頭的甜湯汁（60 ～ 70c.c.）與砂糖一同攪碎成泥狀，倒進碗裡，放置冷藏 5 ～ 10 分鐘。

3. 稍微變硬後，分成 2 大等份，1 等份是原味，另 1 等份加入適量抹茶粉拌勻。

4. 將 2 種口味的番薯泥都等分成數小坨，用保鮮膜包覆，頂部繞 3 圈後打開，番薯泥就會出現自然的壓紋，在壓紋頂部放上甜栗子（如太大，可以對半切）。

## 鹽漬鯡魚子

🍄🍄 材料

• 鹽漬鯡魚卵（薄皮
  附著狀態）／ 200g
• 水／ 1 公升 x2
• 鹽／ 1 小茶匙 x2

調味料：

• 味醂／ 4 大茶匙
• 醬油／ 2 大茶匙
• 料理酒／ 2 大茶匙
• 水／ 400ml
• 鰹魚粉／ 2 大茶匙

🔪 步驟

1 將 1 公升的水加入 1 小茶匙的鹽，放入
  鹽漬鯡魚卵（薄皮附著狀態），浸泡 6
  個小時以上，再重複一次將 1 公升的水
  加入 1 小茶匙的鹽，放入鹽漬鯡魚卵（去
  皮狀態）一樣放置 6 個小時以上，將水
  倒掉即可。

2 將調味料放入鍋裡煮沸，放入去鹽過的鯡
  魚卵，以中小火煮約 5 分鐘，放置冷卻後
  冰入冷藏，放約一個晚上使其入味即可。

胎 胎 memo

步驟 1 是因為一般超市買回來的鯡魚卵，通
常為了保持鮮度，都會以高濃度鹽分狀態保
存，所以得先去鹽，因個人口味不同，若還
是過鹹，浸泡時間可再調更長。

## 田作魚乾

🍄🍄 材料

• 沙丁魚乾／ 30 ～ 50g
• 料理酒／ 1 大茶匙
• 味醂／ 2 大茶匙
• 砂糖／ 2 大茶匙
• 醬油／ 1 大茶匙
• 料理酒／ 1 小茶匙

🔪 步驟

1 將魚乾以小火乾煎，避免魚頭斷裂，起
  鍋放置冷卻。

2 鍋裡倒入調味料，煮至稠狀後，加入醬
  油拌勻，放入魚乾和勻，再加入 1 小茶
  匙料理酒。

3 起鍋放置冷卻後，可隨個人喜好撒上適
  量白芝麻，口感更佳。

## 紅白花蛋

份量：2～3 人份

 材料

- 鳥蛋／6 顆
- 食用色素（紅）／少量

步驟

1 將鳥蛋煮熟後去殼，再取 4 顆浸泡到稀釋過的食用色素水裡。

2 浸泡約 30 分鐘後取出，以料理用小刀切出鋸齒狀即可。

胎 胎 memo

日本正宗的牛肉八幡卷，製作時主要食材是牛蒡，若覺得不好採買或是個人口味改成四季豆，就像上田家一樣的變成自家味喔！

## 牛肉八幡卷

份量：2～3 人份

 材料

- 四季豆／約 15 ～ 18 條（汆燙後對半切）
- 紅蘿蔔／1/2 根（切細條狀）
- 牛肉片／約 10 ～ 12 片

調味料：

- 砂糖／1 大茶匙
- 味醂／1 大茶匙
- 鰹魚露／2 大茶匙
- 醬油／1 大茶匙

步驟

1 將肉片攤平，在上頭擺放 2 條四季豆與 2 條紅蘿蔔條（可依個人喜好做數量變化），將肉片捲起包覆，相同作法包覆出數個肉卷。

2 熱好的平底鍋裡，倒入些許油，放入肉卷（肉片收尾部朝向平底鍋底，可避免鬆開），用筷子翻滾轉動，以中小火煎至肉卷整體呈現熟焦面。

3 淋上調味料，一樣持續用筷子翻滾轉動，煎至稍微收汁入味後關火（確定裡面食材是否變軟）。

4 起鍋後對半斜切即可。

## 甘味黑豆煮

 材料

- 黑豆／ 250g
- 砂糖／ 250g
- 醬油／ 1 小茶匙
- 鹽／ 1 小茶匙

步驟

1. 將黑豆洗淨，在鍋裡加入比黑豆多 6 倍的水，再加入鹽，浸泡一整個晚上。

2. 第二天，黑豆會因吸水而變得較膨脹，整鍋以中火煮約 10 分鐘，加入砂糖。

3. 在整鍋黑豆表面蓋上鋁箔紙，轉小火煮30 ～ 40分鐘。（鋁箔紙得先揉過再攤平，利用鋁箔紙的凹凸面，可吸附黑豆煮汁浮上的渣渣。）

4. 打開鋁箔紙，用湯勺將表面剩餘的殘渣舀乾淨，用手指輕捏看看黑豆是否已變軟（用手指輕壓會破碎的程度）。

5. 加入醬油，再以小火煮約 10 分鐘至入味後關火，放置冷卻。

## 甘味海老

份量：2 ～ 3 人份

材料

| | 調味料： |
|---|---|
| • 蝦（已取腸泥）／<br>　7 ～ 8 尾<br>• 鹽／ 1 小茶匙 | • 水／ 200ml<br>• 鰹魚粉／ 1 大茶匙<br>• 料理酒／ 2 大茶匙<br>• 味醂／ 1/2 大茶匙<br>• 砂糖／ 1/2 大茶匙<br>• 薄口醬油／ 2 大茶匙 |

步驟

1. 在煮沸的鍋裡，加入鹽，再放入蝦子，以中火燙煮約 2 ～ 3 分鐘後關火，將水倒掉。

2. 在乾淨鍋裡倒入調味料，順序為水 > 鰹魚粉 > 料理酒 > 味醂 > 砂糖 > 醬油，煮至滾沸。

3. 再次放入蝦子，以小火煮約 3 分鐘後關火，放至入味即可。

## 紅白蘿蔔漬　　份量：2～3 人份

🍄🍄 **材料**

- 白蘿蔔／130 ～
  150g
  （切細片和細絲）
- 紅蘿蔔／40g
  （切細片和細絲）
- 鹽／1/3 小茶匙

調味料：
- 鰹魚露／1 小茶匙
- 醋／2 小茶匙
- 砂糖／1 小茶匙
- 薄口醬油／1/2 小
  茶匙
- 水／1 大茶匙

✏️ **步驟**

1. 將調味料裝進耐熱容器裡，稍微攪拌後，
   放入微波約 1 分鐘取出，再次均勻攪拌。

2. 在大碗裡放入切好的紅／白蘿蔔絲，撒上
   鹽巴，用手輕揉均勻，放置 15 分鐘。

3. 將步驟 2 的蘿蔔絲水分擰乾，與步驟 1
   的調味料拌勻，再稍微放置入味即可。

 **番外篇 —— 阿桃弟弟雕花**

　　喜歡料理的阿桃弟弟，在這次的新年料
理裡頭，是雕花裝飾的擔當。

　　白玫瑰是將白蘿蔔去皮後切大塊，
直接在塊狀上雕出花狀。

　　紅玫瑰是將番茄切成數片大小不同的
薄片而組成。

　　其他的葉片與和風裝飾是利用小黃瓜
雕畫切成的。

　　用小刀刻成的梅花形狀紅蘿蔔，是期許
像梅樹開花後，一定會「結果」，且紅色也
有著吉利長壽之美意。

# 日式炊飯 炊き込みご飯

**阿桃卡桑說**

日式炊飯源起於古代，因為米的收穫量低，為了節省米的食用量，而加入各式食材，得以填飽肚子的流傳。

隨著時代改變演進許多不同的作法，像是銀鮭香菇炊飯、帆立貝炊飯、紅薯炊飯等，因各個家庭喜好而做出各種不同搭配，上田家最喜歡的就是和風雞肉牛蒡炊飯囉！

## 材料

- 白米／2合
- 雞腿排／1/2 塊
- 牛蒡／半支
- 紅蘿蔔／1/2 根
- 蒟蒻／半塊
- 四季豆／3～5 根

### 調味料

A.
- 鹽／少許
- 油／適量

B.
- 味醂／2大茶匙
- 料理酒／1大茶匙
- 砂糖／1大茶匙
- 醬油／2大茶匙
- 鰹魚粉／2小茶匙

## 步驟

1. 將腿排肉切成細絲狀，蒟蒻稍微清洗後切成細塊狀，紅蘿蔔切細絲，牛蒡用刀斜削成薄片後浸泡在水裡。

2. 將雞肉丁、紅蘿蔔絲、牛蒡絲放入平底鍋裡，加入些許油，快速拌炒至雞肉變熟。

3. 將洗淨的米放入炊飯器（電子鍋），將水加到電子鍋裡面標記的「2」位置，加入 B 調味料與步驟 2 的食材，蒟蒻塊一起放入，按下炊飯開關，開始炊飯。

5. 等待炊飯過程時，將四季豆汆燙過，斜切數小段。

6. 完成時打開炊飯器（電子鍋），輕輕將米飯與食材拌勻盛裝到碗裡，再撒上少許四季豆裝飾。

胎胎 memo

調味料可以個人或家庭喜好，斟酌調整。

# 日式紅豆飯

 赤飯

份量：3 ～ 4 人份

**阿桃卡桑說**

在日本紅豆飯又稱為 [ 赤飯 ]，食用方式與調理方式會因為地區而有所不同。

赤＝紅色，紅色對古日本而言，有驅兇避邪之意，延伸到現在轉變成只要有值得賀喜的事情，日本許多家庭都認為餐桌上的赤飯是最基本不可或缺的主食。

通常「赤飯」登場的場合有：

嬰兒出產、入學或畢業、就職或成人禮、結婚或新居、60 歲（還曆）/70 歲（古稀）/77 歲（喜壽）/88 歲（米壽）/99 歲（白壽）生日等許多值得祝賀的重要場合。

## 材料

- 白米／ 1 杯
- 糯米／ 2 杯
- 紅豆／ 60 ～ 80g
- 料理酒／ 2 大茶匙
- 鹽／ 1/2 小茶匙

### 胎胎 memo

1. 食用前，可依照個人喜好，加入適量的黑芝麻與鹽，口感也不錯喔。

2. 比較注重ＱＱ口感的人 3 杯都用糯米，但需前一晚事先浸泡。

3. 紅豆煮汁顏色變得更深更鮮豔，是因跟空氣接觸而造成，不必擔心唷。

## 步驟

1. 將白米與糯米混合，浸水 30 ～ 60 分鐘。

2. 紅豆稍微洗過，放入鍋裡，加入 1 公升的水，開大火煮至滾沸後 2 ～ 3 分再關火，將水濾乾。

3. 再次將紅豆放回鍋裡，加入 600c.c. 的水，以大火煮至滾沸，轉小火煮 20 分鐘，將紅豆與煮汁分別裝到不同容器中（煮汁在後面步驟會使用到）。

4. 將步驟 1 的米，去水濾乾後，放入炊飯器（電子鍋），加入料理酒與步驟 3 的紅豆煮汁，再加入些許水，達到電子鍋裡面標記的「3」位置。

5. 加入步驟 3 的紅豆與鹽巴，按下炊飯開關，開始炊飯。

6. 完成時，打開炊飯器（電子鍋），輕輕拌勻紅豆與米飯（注意避免拌碎紅豆）。

# 日式親子丼 おやこ丼

**胎胎說** 從以前我就一直以為「親子丼」這個名稱是因為母親跟孩子共吃而來，但是問過了阿桃卡桑之後才知道，除了我所想的那原因以外，其實還因為雞與蛋同時被使用在同一道料理，所以才衍伸出親子丼這個名稱。
看似簡單的一道料理，沒想到意義非凡呀～！

## 材料

- 去骨雞腿肉／ 120g
  （切成一口大小）
- 溫熱米飯／ 1 大茶碗
- 洋蔥／ 1/2 個
  （切成細絲）
- 鴻禧菇／ 1/4 袋
- 蔥段／適量
- 蛋／ 2 個
- ▲鰹魚露／ 2 大茶匙
- ▲水／ 50ml
- ▲味醂／ 1 大茶匙

## 步驟

1. 準備好所有食材。

2. 在熱好的平底鍋倒入些許油，放入雞肉塊與洋蔥絲炒至肉變色，倒入 50ml 的水，繼續拌炒。

3. 放入鴻禧菇拌炒。

4. 放入蔥段，加入▲記號的調味料拌炒均勻。

5. 淋上蛋液。

6. 稍微放置，讓蛋液稍微固定後馬上關火（注意不要過硬唷！）。

7. 將步驟 6 直接順勢盛裝到白飯上。

8. 大功告成。

胎 胎 memo
步驟 8，可依個人喜好，在上面添加海苔細絲或紅薑等。

# 日式馬鈴薯燉肉　肉じゃが

**胎胎說**

馬鈴薯燉肉是日本家庭定番料理裡，經常出現的一種。

裡頭有著，馬鈴薯的鬆軟，肉的濃厚香味，洋蔥的甘甜口感，蒟蒻Q彈的嚼勁，完整呈現了經典的和風口感，幾乎深受大人小孩的喜愛。

而從小到大吃習慣這味道的阿桃，到現在婚後，只要我做出這道料理，當晚他的白飯一定會再續第二碗……甚至第三碗。

## 材料

- 豬肉薄片／ 150g
- 馬鈴薯／ 2 個
  （中 size/ 切成一口大小）
- 洋蔥／ 1/2 個
  （切成一口大小）
- 蒟蒻／ 1塊(切成一口大小)
- 香菇／ 4 朵
  （每朵切成 4 等份）
- 紅蘿蔔／半根
  （切成一口大小）
- 四季豆／ 4 條
  （斜切成數段）
- ▲鰹魚粉／ 1/2 大茶匙
- ▲水／ 200ml
- ▲料理酒／ 2 大茶匙
- ▲砂糖／ 1 大茶匙
- ▲味醂／ 1 大茶匙
- ▲醬油／ 2 大茶匙
- 砂糖／ 1/2 小茶匙
- 醬油／ 1 小茶匙

## 步驟

1. 將切好的馬鈴薯浸泡在水裡，切好的洋蔥與蒟蒻用熱水汆燙過。

2. 在熱好的鍋裡倒入些許油，放入豬肉片拌炒至變色變熟，加入醬油跟砂糖拌炒均勻後起鍋。

3. 步驟 2 的鍋裡再倒入些許油，放入洋蔥、蒟蒻、馬鈴薯、紅蘿蔔、香菇下去拌炒。

4. 加入▲記號的調味料，煮至馬鈴薯熟透。

5. 加入步驟 2 的肉片和勻。

6. 起鍋前 3 分鐘，加入四季豆燜煮入味即可。

**胎胎 memo**

1. 將肉片分開另外先煮起來，可避免同時煮而造成肉片過硬的問題。

2. 可用單支筷子搓刺馬鈴薯是否熟透。

# 廣島燒 お好み焼き(広島風)

**胎胎說** 有別於我們所熟悉的大阪燒，一樣都是在鐵板上料理，但廣島燒的作法卻不相同，雖兩種都有使用麵糊，差異在大阪燒是將所有食材都加入和勻後，在鐵板上煎；廣島燒則是先舀一匙麵糊，在鐵板上烤出薄皮後，擺上所有食材，而加入大量豆芽菜與使用 OTAFUKU 醬汁是廣島燒的專有特色。

## 材料

- 小煎鏟／2 把
- 溫度轉盤式的鐵板／1 個

A
- 低筋麵粉／100g
- 水／200c.c.

B
- 鰹魚粉／5g
- 高麗菜／1/4 顆（切細絲）
- 豆芽菜／1 袋
- 蛋／3 個
- 烏龍麵（或黃麵）／3 人份
- 豬肉片／9 片（1 人份約 3 片）
- 花枝脆餅／1 包（脆杯麵也可）
- OTAFUKU 醬汁／適量
- 日式美乃滋／適量
- 柴魚片／適量
- 青海苔粉／適量
- 蔥花／適量

## 步驟

1. 將材料 A 拌勻，用大杓子舀一匙麵糊（約 80c.c.），在熱好的鐵板上輕畫出直徑約 20cm 的圓，再均勻撒上鰹魚粉。

2. 在鐵板的空餘處，放上烏龍麵（或黃麵），淋上些許 OTAFUKU 醬汁，拌炒均勻。

3. 將炒好的麵放到步驟 2 煎好的麵皮上，放置不動一下下，讓麵皮稍微煎熟一點。

4. 在步驟 3 鋪上適量高麗菜絲，再擺上適量豆芽菜。

5. 鋪上 3 片豬肉片與些許蔥花，再撒上適量花枝脆餅（或碎脆麵）。

6. 再用大杓子舀一匙麵糊（約 50c.c.），淋在步驟 5。

7　慢煎至底下麵皮變稍微酥脆，可以移動的狀態時，在鐵板空餘處，打一顆蛋，用煎匙將蛋隨意攪和，再用 2 把煎匙同時將廣島燒翻面，蓋到煎蛋上面，並用煎匙交互壓平廣島燒數次。

8　煎至底下的蛋熟透，裡頭的蔬菜變軟，再次將廣島燒翻面回來，用 2 把煎匙十字切開成 4 等份。

9　將廣島燒裝盤，依照個人喜好，淋上 OTAFUKU 醬汁與美乃滋，再撒上適量的青海苔、柴魚片即可。

胎 胎 memo

1. 如果有日本的溫度轉盤式的鐵板可設定約 250 度，當然也可用家中平底鍋替代。

2. 在廣島燒裡加入花枝脆餅（或碎脆麵），是上田家的習慣吃法，口感香脆，一般廣島燒沒有加。

# 章魚燒 たこ焼き

**胎胎說**

習慣了台灣口感的章魚燒後，還記得多年前剛到日本留學時，當時吃到的第一盒章魚燒，口感讓我很不習慣。

台灣的章魚燒，整顆從表皮到內部都很有嚼勁，上頭淋滿各式各樣的醬料更是讓人歡喜。

日本的章魚燒卻是較偏重於外酥內軟，上頭的裝飾配料也只有比較固定的那幾種。

但在這邊生活了這幾年來發現，從一開始的不習慣到現在，讓我的想法稍微改變了，在日本的寒冷冬天裡，能夠吃上一口熱呼呼的章魚燒，那酥脆的表皮一咬下去，裡頭半熟的麵糊與章魚配料們，在嘴裡流動的那份溫暖感動，表面上簡單固定的裝飾配料，反而突顯出章魚燒的原始風味。

不過這種東西，其實是依照個人或各個家庭的喜好而有所不同，像日本一般店家賣的章魚燒，通常都會加入日式紅薑，但因為上田家不太喜歡，所以卡桑在製作時，就不考慮將它放入了。

## 材料

**麵糊備料：**
- 低筋麵粉／ 200g
- 蛋／ 2 顆（中 size）
- 鰹魚粉／ 1 小茶匙
- 冷水／ 800c.c.
- 牛奶／ 50c.c.
- 薄口醬油／ 1 小茶匙

**內容備料：**
- 章魚／ 200 ～ 250g（燙過後切丁狀）
- 柴魚粉／適量
- 高麗菜／ 1/4 顆（切細絲）
- 蔥花／適量

**食用前淋醬備料：**
- 日式美乃滋／適量
- 柴魚片／適量
- 青海苔粉／適量
- 章魚燒醬汁／適量

步驟

**麵糊作法：**

在鋼盆裡打入 2 顆蛋，用打蛋器攪拌至稍微發泡，加入麵粉攪拌，再慢慢加入冷水，攪拌至麵粉全部溶解成麵糊狀。

加入牛奶，鰹魚粉，薄口醬油後，一樣攪拌均勻。

**開始烤章魚燒：**

1. 將烤盤熱好（開中強火），全盤塗滿一層厚厚的沙拉油，熱油至烤盤開始冒煙後轉小火。

2. 用大杓子舀一匙麵糊，在熱好的烤盤上均勻倒入。

3. 在步驟 2 的麵糊上，撒上適量的柴魚粉，在每一個凹槽內，都各放入 1 塊章魚丁，再撒上適量高麗菜絲。

4. 再淋上一匙麵糊，撒上蔥末與柴魚粉。

5. 用竹籤將凹槽與凹槽之間畫出分割線，等表面的麵糊呈現半乾狀態時（凹槽內依舊是液體狀），開始將章魚燒一一翻面。（翻面動作要快，讓凹槽內的麵糊可以往底下流動）

6. 全面翻好後，觀察火侯大小，反覆翻轉。

7. 大約 3～5 分鐘後（依照個人火侯控制，注意不要過焦），章魚燒表面呈現金黃焦面，體型也稍微比之前膨脹後，開始裝盤。

8. 最後依個人喜好淋章魚燒醬汁與美乃滋，再撒上適量的青海苔，柴魚片即可。

 胎 胎 memo

1. 日本醬油主要有分濃口與薄口兩種。薄口醬油顏色較淡，鹽含量較高、味道較重鹹，主要使用在日式煮湯或是淡色料理上。而濃口醬油則顏色較深，一般較常被使用在強調入味的燉煮料理上。此次的章魚燒麵糊裡加入薄口醬油，較不影響麵糊色澤，也美味可口。

2. 章魚燒翻面時，可用竹籤盡量從章魚燒的側面轉動，不要從中間深入穿刺，才會讓章魚燒裡面有更多空氣，整體看起來會更圓更美觀。

1

2

3

4

5

6

7

# 日式紅豆湯  小豆ぜんざい

份量：3～4人份

**阿桃卡桑說**

每年的 1 月 11 日，是日本的「鏡開き」。
是將從正月新年開始供奉的鏡餅（麻糬）敲碎後食用，以祈求無病無災。
會稱作鏡餅是因為古代日本的銅鏡就跟麻糬一樣都是圓形，加上紅豆被日本人認為有除魔避邪的效果，將鏡餅與紅豆一同搭配食用，意味著好運好緣分與無病無痛之意。

 材料

- 紅豆／ 300g
- 砂糖／ 280g
- 水／ 300ml
- 鹽／ 1/2 小茶匙
- 日式麻糬（原味）／
  3 ～ 4 塊

## 胎胎 memo

1. 步驟 3 可在鍋裡的水面蓋上廚房用的厚餐巾紙，避免紅豆因煮沸而浮上水面，能讓每顆紅豆都確保煮軟熟透。

2. 步驟 3 在將紅豆煮軟的過程中，如果水因滾沸而減少可再加水，全程滾煮時間約 50 分左右。

## 步驟

1. 將紅豆清洗過，放入鍋裡，加入水（高度高過紅豆約 2cm），以中火煮至滾沸後將水濾乾。

2. 再次將紅豆放回鍋裡，重複步驟 1 作法，一樣將水濾乾。

3. 濾乾後的紅豆稍微輕輕洗過，再放回鍋裡，加滿水（約八分量），開中火煮至紅豆變軟（約用手就可以輕輕壓碎的軟度）。

4. 步驟 3 完成後，將水濾乾，再放回鍋裡，加入砂糖、鹽、與 300ml 的水，以小火煮約 20 分，直到紅豆變大顆後，關火稍微放置約 2 分鐘入味。

5. 將麻糬放至烤網上，稍微烤過，讓裡面熟透，表面呈現稍焦狀。

6. 將煮好的紅豆湯分成 3 ～ 4 碗，在每碗裡面放入烤好的麻糬即可。

# 胎胎與阿桃的小倆口日常 節約的日本超市觀查

　　在台灣幾乎不會買菜的我，剛到日本時，突然之間，必須懂得省錢又得變出一整桌能吃飽的好料，再加上各種蔬果野菜的外觀、日文名稱，甚至烹煮方式等，讓我常常卡在超市，進得去卻出不來。

##  節約省錢的日本主婦魂

　　阿桃看這樣下去不行，手繪了一張當時家裡附近的所有超市，並在一旁備註：哪一間超市的 XX 通常最便宜，哪些東西只在哪些超市有賣，以及每間超市的打折優惠時間等等。

　　剛開始的每天，我手裡拿著摺得皺皺的地圖，用雙腳踏遍了圖面上所畫的 6 家超市，雖然很累很麻煩，但看著他為了兩個人的生活，每天努力辛苦工作的付出，如果我能挑到便宜又划算的食材，也算是替家裡經濟盡點力，於是強迫自己在短時間內，記住了每間超市的特價時間與各種重點，甚至將不懂的日文菜名或料理方式通通都記在小冊子裡，隨時提醒自己。

固定時間到就會出現的半價商品。重點是品質優良，一定要搶。
每次超市結帳後的商品，打開一看幾乎都是半價促銷時搶到的特價商品，有時一起去買菜，無意間看到對方因撿到便宜而露出天真喜悅表情時，我們都會哈哈大笑，感覺這樣生活其實滿有趣的。

 ## 比身分證重要的集點卡

在日本，有一件事特別重要，那就是每家店的「集點卡」。

在台灣，我常怕麻煩，心想著也用不到，從不收集集點卡。想不到來了日本，阿桃這個嚴格的小老師，糾正了我那懶惰怕麻煩的心態，甚至有時我忘記帶卡，卻沒想到他還會要求店家開收據，下回來時再補登記點數。（真的好在乎呀！）

老實說，一開始跟他出去買東西時，看到他無論到哪間店結帳時都一定在找集點卡時，心裡總覺得他很貪小便宜。也常為了找卡，結果零錢掉滿地，讓我很想翻白眼。

拗不過他的觀念，只好選擇拋下自己原本的想法，重新去理解為何這麼在意這些？

才發現，一方面是因為經濟不是那麼寬裕，能折扣就算賺到，加上日本的集點兌現很大方，有卡優惠是多得驚人，看其他排隊等結帳的日本人也都很習慣的拿出集點卡，對他們而言這就是再正常不過的事了。

漸漸的我也被這環境說服，開始變卡不離身，甚至各家商店集點卡比收到的名片多了許多。我們倆達到共識後，很有默契的將所有集點卡都整齊收進名片簿裡，阿桃為了找卡而在結帳櫃台翻遍包包又掉東掉西的景像也大幅減少，我的白眼也可以休息了。

##  台灣人搶半額，輸人不輸陣

養成集點卡不離手的好習慣後，還有一最困難但也最有趣的關 —— 搶半額大挑戰，才能算得上是阿桃心中標準的節約好主婦。

每間超市的折扣時間不同，我會先將每天必去的那幾家，依照半額折扣時間排列行程順序。身為外國人的我，每天為了半額商品而去跟專業主婦們競爭，看到商品上貼著半額的特價貼紙，大家瞬間殺紅了眼，藉著菜籃或是推車讓對手們無法靠近，雖然我年紀最小，但台灣人輸人不輸陣的精神，倒是將它發揮得淋漓盡致。

有時剛好碰上超市人員正準備要貼上特價貼紙，就會發現，他的身邊多了許多假裝不經意看著其他商品的客人，但大家真正目的都只有一個，就是搶在超市人員後面，剛被貼上特價貼紙的商品。而我會先看那一區的商品是否家裡有需要，如果需要就馬上把握時機，不能有一秒之差才能順利將商品搶到手，如果不需要，就省下一次戰鬥的力氣，儲存到下一間超市再大大發揮。

每次回到家，將搶到的半額商品取出排開，琳瑯滿目的特價貼紙總是讓我感到很有成就感，也會在晚餐時間跟阿桃炫耀一番，好讓他摸摸我的頭，稱讚我很棒，此刻，就會覺得，我總算有幫到這個家一點點忙了，並感到滿足開心。

# 垃圾堆裡撿黃金，牛奶盒變肉砧板

就是這個切開牛奶盒，用於切肉時喔！

　　數間超市，無數張的集點卡，激烈的半額戰爭，都比不過我接下來要說的這件事來的震驚！家裡有一個砧板，但阿桃的觀念是菜與肉得分開使用，於是很節約的將喝完的鮮奶紙盒洗乾淨，晾乾後剪開，切肉類時可以用，用完一次即可丟棄。

　　才想稱讚阿桃的頭腦很好時，某天，他笑著說要帶我到超市尋寶，滿懷期待的跟著他走到超市外面（日本超市外面幾乎都有很乾淨的資源回收區），咦～不是進去買東西，而是看到他利落的站在資源回收的紙類區間，彎身努力的尋找乾淨的牛奶盒（日本人拿牛奶盒去丟回收時，幾乎都會洗乾淨剪開。），不一會兒工夫，就看到他滿心歡心的拿著一大疊已被剪開攤好的乾淨牛奶盒朝向我走過來，還得意的對我說：「接下來一個月我們又有好多免費又用不完的砧板了。」

　　他不顧身邊有其他客人的眼光，卻在找到好多牛奶盒後，露出心滿意足的表情。當時第一次看到他這舉動，讓我目瞪口呆，卻也深深的覺得，阿桃是一位非常有趣又奇妙的人，這就是我們小倆口的節約日記。

上田太太 上甜生活
分享在日生活／料理／愛情／便當網站
www.mrsueda-frenchbull-sinba.com
FB 專頁 https://www.facebook.com/frenchbullsinba

因為愛，而料理

# 上田太太便當的甜蜜

作　　　者／上田太太
美 術 編 輯／申朗創意
責 任 編 輯／劉文宜
企畫選書人／賈俊國

總　　編　　輯／賈俊國
副 總 編 輯／蘇士尹
行 銷 企 畫／張莉榮・廖可筠

發　　行　　人／何飛鵬
出　　　版／布克文化出版事業部
　　　　　　台北市中山區民生東路二段 141 號 8 樓
　　　　　　電話：(02)2500-7008 傳真：(02)2502-7676
　　　　　　Email：sbooker.service@cite.com.tw
發　　　行／英屬蓋曼群島商家庭傳媒股份有限公司城邦分公司
　　　　　　台北市中山區民生東路二段 141 號 2 樓
　　　　　　書虫客服服務專線：(02)2500-7718；2500-7719
　　　　　　24 小時傳真專線：(02)2500-1990；2500-1991
　　　　　　劃撥帳號：19863813；戶名：書虫股份有限公司
　　　　　　讀者服務信箱：service@readingclub.com.tw
香 港 發 行 所／城邦（香港）出版集團有限公司
　　　　　　香港灣仔駱克道 193 號東超商業中心 1 樓
　　　　　　電話：+852-2508-6231 傳真：+852-2578-9337
　　　　　　Email：hkcite@biznetvigator.com
馬 新 發 行 所／城邦（馬新）出版集團 Cité(M) Sdn.Bhd.
　　　　　　41, Jalan Radin Anum, Bandar Baru Sri Petaling,
　　　　　　57000 Kuala Lumpur, Malaysia
　　　　　　電話：+603-9057-8822　　傳真：+603-9057-6622
　　　　　　Email：cite@cite.com.my
印　　　刷／韋懋實業有限公司
初　　　版／2016 年（民 105）09 月　　2017 年（民 106）03 月初版 4.5 刷
售　　　價／380 元

© 本著作之全球中文版（含繁體及簡體版）為布克文化版權所有・翻印必究

城邦讀書花園
www.cite.com.tw
布克文化
WWW.SBOOKER.COM.TW